Peter Beyersdorf
Spaniels

Herausgegeben unter dem Patronat des
Verbandes für das Deutsche Hundewesen
e.V., 44141 Dortmund

Peter Beyersdorf

Spaniels

Praktische Ratschläge für Haltung, Pflege und Erziehung

6., überarbeitete Auflage
Mit 36 farbigen Abbildungen

Parey Buchverlag Berlin 1996

Parey-Buchverlag im
Blackwell Wissenschafts-Verlag
Kurfürstendamm 57, D-10707 Berlin

Das Kapitel „Gesundheit" wurde von Dr. med. vet. Peter Brehm verfaßt; das Kapitel „Ernährung" von Dipl. vet. med. Lutz Salomon.

Die Deutsche Bibliothek – CIP-Einheitsaufnahme

Spaniels : praktische Ratschläge für Haltung, Pflege und Erziehung / Peter Beyersdorf; – 6., überarbeitete Aufl. – Berlin : Parey, 1996
(Dein Hund)
Früher u. d. T.: Der Spaniel
ISBN 3-8263-8410-5
NE: Beyersdorf, Peter

Einbandgestaltung: Rudolf Hübler, Berlin, unter Verwendung einer Abbildung von Helga Horsten, Krefeld.
Satz und Repro: Type-Design, Berlin
Druck und Bindung: Grafos S.A., Barcelona

Gedruckt auf chlorfrei gebleichtem Papier

Printed in Germany • ISBN 3-8263-8410-5

Vorwort

Dieses Buch wendet sich an diejenigen, die ihre ersten Versuche mit einem Spaniel unternehmen. Es ist als ein Ratgeber gedacht, der Fehler vermeiden helfen soll, denn oft muß man bei seinem ersten Spaniel Lehrgeld bezahlen für Fehler, die aus Unkenntnis im Umgang mit dem Hund gemacht wurden. Dabei besteht die größte Schwierigkeit dieses Buches darin, daß es nicht den Spaniel gibt; die Familie der Spaniels umfaßt immerhin neun Mitglieder, deren heute hierzulande bekannteste Vertreter der Cocker Spaniel, der American Cocker, der English Springer und auch noch der Welsh Springer Spaniel sind.

Die Ratschläge und Empfehlungen, die hier gegeben werden, sind freilich in erster Linie als allgemeine Anleitung gedacht. Im einzelnen Fall wird sich das eine oder andere Problem ganz anders – oder überhaupt nicht in der geschilderten Weise – stellen. Mancher Spaniel-Freund wird sich von den Thesen dieses Buches bestätigt fühlen, manch anderer wird der einen oder anderen Aussage aber auch widersprechen. Das ist gut so, denn ein verbindliches Patentrezept für Haltung und Erziehung des Spaniels gibt es zum Glück nicht.

Die Kynologen unter den Lesern mögen keine prinzipiellen Erkenntnisse erwarten; das war in diesem Zusammenhang und in diesem Rahmen nicht gewollt.

Wenn einige Spaniel-Freunde jedoch erste Orientierungshilfen gewinnen, verschiedene Tips annehmen und wenn sie ihnen bei Aufzucht und Haltung ihres Hundes von Nutzen sein werden, dann hat dieses Buch seinen Zweck erfüllt.

Die nun vorliegende 6. Auflage wurde wiederum kritisch durchgesehen, ergänzt und auf den neuesten Stand gebracht.

Hürth-Burbach, im Frühjahr 1996
Peter Beyersdorf

Pedigree PAL
ADVANCE
FORMULA
FORMULA QUALITY STANDARD
JUNIOR 1
JUNIOR 2
LIGHT
SENSITIVE
ENERGY
ADULT
FQS

Inhalt

Abstammung und Erscheinungsformen

Der Cocker Spaniel gehört heute mit zu den verbreitetsten und beliebtesten Hunden. Wer die „Hundeszene“ in den Parks und Auslaufgebieten der großen Städte beobachtet, der stößt immer wieder auf den Cocker, und zwar in erster Linie auf den roten – der Volksmund spricht vom „braunen“ – Spaniel.

Nur wenige machen sich dabei bewußt, daß der Spaniel eine lange Tradition als Jagdhund hat, daß es keineswegs nur den geläufigen Cocker Spaniel gibt und daß es selbst unter den Cocker Spaniels noch bemerkenswerte Unterschiede in der Farbe des Haarkleides gibt.

Die Geschichte der Spaniels reicht bis in die vorchristliche Zeit zurück. Auch wenn von daher noch keineswegs schlüssige Beweise auf die Existenz einer Hunderasse zu ziehen sind, die in direkter Linie zum Spaniel der heutigen Erscheinungsform führen, so bleibt doch festzuhalten, daß beispielsweise auf einer Münze aus der Zeit des Vaters von Alexander dem Großen ein dem Spaniel ähnlicher Hund abgebildet war.

Auch bei den Vogelhunden, die in germanischen Gesetzestexten erwähnt werden, dürfte es sich mit einiger Sicherheit um spanielähnliche Jagdhunde gehandelt haben. Auf Abbildungen aus dem 15. Jahrhundert sind solche Vogelhunde zu sehen, deren lange, befederte Behänge die Nähe zum Spaniel belegen.

Auch wenn wir heute England als das Mutterland der meisten Spaniels bezeichnen, so ist die Herkunft der Rassen nicht letztgültig geklärt. Eine Theorie besagt, daß der Spaniel – oder wie immer er zunächst genannt wurde – zusammen mit der Jagd mit dem Beizvogel aus dem Mittleren Osten nach Europa gekommen ist. Unstrittig ist indessen, daß in den Gesetzen Howels des Guten, einem König von Süd-Wales, der Spaniel bereits im Jahr 948 erwähnt wurde. Weitere ernstzunehmende Hinweise auf Spaniels gibt es in der Literatur im 14. Jahrhundert (Chaucer, Gaston de Foix) und im 16. Jahrhundert (Dr. Caius in seinem Werk „Englishe Dogges“). Auch in Shakespeares „Sommernachtstraum“ aus dem Jahr 1594 wird ein Spaniel zitiert, und es gibt eine ganze Reihe von weiteren Belegen aus der Literatur und aus der bildenden Kunst, die auf Vorläufer unseres Spaniels hinweisen.

Porträt eines schwarzen Cockers

Ebenso unsicher wie die Herkunft der Rasse selbst ist der Ursprung des Namens Spaniel. Auch da gibt es eine ganze Reihe von Theorien, die alle etwas für sich haben, aber letzten Endes nicht zu beweisen sind.

Weder die Version, daß der Name auf das Land Spanien zurückzuführen sei, noch die Annahme, daß das phönizische Wort „span“ (= Kaninchen) die wahre Wurzel des Begriffs darstelle, ist ganz von der Hand zu weisen. Weniger strittig ist indessen die Herkunft des Wortes „Cocker“. Hier sind sich die Experten weitgehend einig, daß „woodcock“, die Waldschnepfe, namengebend gewirkt hat. Dabei wird gleichzeitig sichtbar, für welche Art der Jagd der Spaniel vornehmlich auch in der Vergangenheit bestimmt schien.

In der heutigen Form ist der Cocker Spaniel seit 1892 bekannt. Von diesem Jahr an wurde er vom Kennel Club als eigenständige Rasse geführt und mit einem gesonderten Standard, der genauen Typenbeschreibung, versehen. Voraus ging noch eine in England gebräuchliche Unterscheidung in einen „Springer-Spaniel“ und in einen „Cocking-Spaniel“, wobei der generelle Unterschied vor allem im Gewicht und in der Größe lag.

Von damals bis heute war es auch im Blick auf die Cocker-Zucht ein langer Weg. Wer sich die zeitgenössischen Abbildungen des damaligen Champions „Ted Obo“ anschaut, der ja als der „Urvater“ aller späteren Cocker Spaniels gilt und der in seiner Zeit in einer achtjährigen Ausstellungs-Karriere niemals besiegt wurde, der mag ermessen, wieviel züchterische Arbeit geleistet wurde, um den modernen Cocker-Typ, wie wir ihn jetzt kennen, zu schaffen. „Ted Obo“ erinnert phänotypisch eher an einen Sussex Spaniel heutigen Aussehens, und er ist ja auch der Nachkomme eines Sussex-Rüden.

1902 wurde in England der „Cocker Spaniel Club“ gegründet. Seither wurde von den englischen Züchtern eine planmäßige, strikt auf Verbesserung der Rasse orientierte Cocker-Zucht betrieben. Besondere Verdienste erwarb sich dabei der Zwinger „Of Ware“ des Mr. H. S. Lloyd, dessen großartige Cocker Spaniels die Zucht keineswegs nur auf der Insel, sondern weltweit tief geprägt haben.

Ein „Of Ware“-Cocker gewann 1950 auf der legendären „Cruft's“ den Titel „Best in Show“, und es dauerte sage und schreibe 46 Jahre, bis 1996 wieder einmal ein Cocker Spaniel „Best in Show“ bei „Cruft's“ wurde.

Eine Reihe weiterer Zwinger aus dem Mutterland haben für die Cocker-Zucht in England wie auf dem Kontinent Herausragendes geleistet: Genannt seien die Zwinger „Falconers“, „Colinwood“ („Colinwood's Cowboy“ ist in vielen Ahnenlinien deutscher mehrfarbiger Cocker vertreten), „Bitcon“, „Bournehouse“, Craighleith“, „Matterhorn“, „Scolys“, „Weierdene“, „Classicway“, „Normanview“, „Broomleaf“, „Lochranza“, „Sixshot“, „Misbourne“ – und mancher andere Zwinger wäre zu erwähnen. Sie alle haben dazu beigetragen, daß der Cocker Spaniel im Laufe einer jahrzehntelangen Entwicklung zu einem ausbalancierten, kompakten und überaus attraktiven Hund geworden ist.

Daß der Spaniel nicht etwa eine Modeerscheinung unserer Tage ist, zeigt sich auch daran, daß in Deutschland bereits im Jahr 1907 der „Jagdspaniel-Klub“ entstand. Bis zum heutigen Tage ist dies der Rassehund-Zuchtverein, der sich um die Pflege, die optimale Zucht und um die Betreuung der inzwischen insgesamt neun Spaniel-Rassen kümmert.

Denn neben dem bekanntesten Vertreter der Spaniel-Familie, dem Cocker Spaniel, gibt es noch acht weitere Spaniel-Rassen, die einem heute mehr oder weniger häufig auf Rassehunde-Zuchtschauen begegnen. Es sind dies der amerikanische Cocker Spaniel, der English Springer Spaniel, der Welsh Springer Spaniel, der Clumber Spaniel, der Sussex Spaniel, der Irish Water Spaniel, der Field Spaniel und der American Water Spaniel.

Standard und Eigenschaften des Cocker Spaniels

Der Cocker Spaniel, wie wir ihn kennen, kam direkt von England auf den Kontinent. Bei der Schnepfenjagd erwies er sich in seiner Heimat als brauchbarer und nützlicher Helfer. Dank seiner Konstitution und seines zu Leistung befähigenden

Äußeren wurde er zu einem überaus geeigneten Stöberhund: Er kann sich überall dort durchsetzen, wo dem Vorstehhund Grenzen gesetzt sind, vor allem im dichten Gestrüpp und in Dornen. Dabei kommt dem Cocker seine extrem feine Nase, sein Spur- und Finderwille immer wieder zugute.

Der Kynologe Villard charakterisierte den Cocker Spaniel kurz und treffend: „Es gibt keinen angenehmeren, zahmeren, anhänglicheren und lebhafteren Hund als den Cocker; seine feine Psyche macht ihn außerordentlich interessant. In ihm sind Intelligenz, Gütigkeit und List gut vereinigt. Er gehorcht nicht aus Dienstbarkeit, sondern aus Ideengemeinschaft mit seinem Herrn, dessen Absichten er errät; seine Treue ist groß.“ Wahrscheinlich ist es gerade die hier beschriebene Mischung der Charaktereigenschaften, die den Cocker Spaniel so beliebt gemacht hat. Dazu kommt das gefällige Äußere des Cockers, das auch im Standard des Kennel Clubs im einzelnen beschrieben ist. Danach ist der Cocker-Spaniel ein emsiger, kräftiger Jagdhund, der gut ausgewogen und kompakt erscheinen soll. Er soll die gleichen Maße vom Widerrist zum Boden wie vom Widerrist zum Rutenansatz aufweisen. Dies ergibt die erwünschte quadratische Form des Cocker-Körpers.

Eine Meute mehrfarbiger Cocker

Die Widerristhöhe soll bei Rüden etwa 40 bis 41, bei Hündinnen etwa 38 bis 39 Zentimeter betragen. Ein fein gemeißelter Kopf mit ausgeprägtem Stop und kräftigem, quadratischem Fang gehört ebenso zum Erscheinungsbild des Cocker Spaniels wie die hinreichend breite Nase. Die Augen sollen groß und leuchtend sein, braun oder dunkelbraun – aber niemals hell. Die Augenlider sollten fest anliegen, nicht zuletzt deswegen, damit dem Cocker bei der Arbeit in Dornen und Gestrüpp Verletzungen erspart bleiben. Die Behänge sind lappenförmig, in Höhe der Augen angesetzt, aus feinem Leder bestehend, das allerdings nicht zu lang sein und nicht über die Nasenspitze hinausreichen soll. Die Behänge sollen mit langem, seidigem und glattem Haar bedeckt sein. Der Hals des Cocker Spaniels soll kräftig, muskulös und von mäßiger Länge sein; lose Kehlhaut (Wamme) ist nicht erwünscht. Der Hals soll elegant in eine schräg gestellte Schulterpartie eingefügt sein. Das kompakte, kräftige Erscheinungsbild zeigt sich vor allem auch in der Brustpartie. Ein tiefer Brustkorb, eine gut entwickelte Vorbrust prädestinieren den Cocker zur ausdauernden, harten Arbeit im Gelände. Starke, gerade Läufe mit einer guten Befederung dienen der Kraftentfaltung dieses kleinen Athleten. Der Körper soll daher kräftig, muskulös und kompakt sein. Eine kurze, aber kräftige Lendenpartie mit einer festen, geraden, und nicht mehr wie früher gefordert „abfallend“, zum Rutenansatz verlaufenden Außenlinie vervollständigen den Eindruck eines Hundes, der zu großer Kraftanstrengung fähig und willens ist. Die breite, muskulöse Hinterhand mit guten Winkelungen versetzt den Cocker Spaniel in die Lage, den notwendigen Schub in die Bewegung zu bringen. Das fördernde, raumgreifende Gangwerk ist ein weiteres Kennzeichen eines aktiven, gesunden und richtig entwickelten Cockers. Außerdem gehören dazu kleine, feste und dick gepolsterte Pfoten sowie eine geringfügig unterhalb der Rückenlinie angesetzte Rute, die in dauernder, fröhlicher Bewegung Temperament zeigen soll (was den „merry“ Cocker am deutlichsten kennzeichnet); die Rute darf nach dem Standard nicht über die Rückenlinie getragen werden!

Das Haarkleid des Cockers ist ein Thema für sich. Der Standard fordert es anliegend und seidig beschaffen, niemals drahtig, wellig oder gar lockig. Leider erfüllen keineswegs alle Cocker Spaniels diese Forderung, aber dennoch: Das so beschriebene Haarkleid ist die besondere Zierde des Cockers. Der Cocker ist in vier Farbschlägen erlaubt: Schwarz, Rot, Black and Tan (Schwarz mit lohfarbenen

Abzeichen) sowie Mehrfarbig. Bei den Mehrfarbigen unterscheidet man Schwarz-Weiß, Orange-Weiß, Schwarz-Weiß mit Loh, Blauschimmel (eine Art schwarz-weiß gestromte Färbung) sowie Orangeschimmel, Blauschimmel mit Loh, Braun-Weiß und Braunschimmel. Neuerdings werden häufig auch „sable“-farbene (d. h. Zobelfarbene) Cocker gezeigt, die den Einfarbigen zugeordnet werden.

Die anderen Spaniel-Rassen

Die Spaniel-Rassen unterscheiden sich in ihrem Äußeren zum Teil so stark vom Cocker, daß der unbefangene Betrachter sofort nach verwandtschaftlichen Zusammenhängen fragen wird. Die Kreuzungen der früheren Züchter, die zu den heute bekannten Rassen geführt haben, gingen generell davon aus, daß der Spaniel ein Jagdhund ist. Dies ist es auch, was alle neun Rassen (sechs englische Rassen, eine irische und zwei amerikanische) zumindest ursprünglich miteinander verbindet, auch wenn natürlich einzuräu-men ist, daß ihre Brauchbarkeit entsprechend den jeweiligen jagdlichen Anforderungen unterschiedlicher Art ist.

Innerhalb der Spaniel-Familie gehören sechs zu den Stöberhunden, zwei zu den Wasserhunden und einer, nämlich der American Cocker, ist im Blick auf die Qualifikation zum „Internationalen Schönheitschampion“ an gar keine arbeitsmäßige Anforderung gebunden.

Der **American Cocker Spaniel** ist in der Entwicklungsgeschichte der Spaniel-Rassen sozusagen der junge Bruder des Cocker Spaniels. Auch für den American Cocker heutiger Prägung ist „Ted Obo“ der Anfang von allem. Ein Hund namens „Obo II“ machte jedenfalls schon zu Beginn des Jahrhunderts in den Vereinigten Staaten eine beachtliche Ausstellungs-Karriere. Gleichwohl entwickelten sich in den zwanziger und dreißiger Jahren in den USA zwei Typ-Richtungen des Cocker Spaniels, die von den jeweiligen Befürwortern – den puristischen Engländern, die den Ur-Typ aus dem Mutterland bewahren wollten, und denen, die neue Wege beschreiten und einen anderen Cocker-Typ herausbringen wollten – konsequent verfolgt wurden. Die Unterschiedlichkeiten konzentrierten sich im Laufe der Zeit immer mehr auf den Kopf. Hier speziell wurden in augenscheinlicher Weise die Unterschiede herausgezüchtet – und wer heute den Cocker Spaniel und den American Cocker direkt vergleicht, mag ermessen, in welch kurzer Zeit auf der Basis identischen Zuchtmaterials Spaniels von so unterschiedlichem Exterieur gezüchtet worden sind.

Die Bemühungen der amerikanischen Züchter richteten sich darauf, den Spaniel noch kürzer im Rücken, anders in den Kopfproportionen und vor allem deutlich üppiger im Haarkleid zu entwickeln. Diese Bemühungen wurden dadurch belohnt, daß im Jahr 1946 der „American Kennel Club“ dem Amerikanischen Cocker einen eigenständigen Standard zugestand, der später dann auch internationale Anerkennung erfuhr. Seither existieren zwei Cocker-Spaniel-Rassen, nämlich die traditionelle englische und die moderne amerikanische, die – wie beschrieben – auf dieselben Vorfahren zurückgehen und dennoch innerhalb einer relativ sehr kurzen Zeit zu Spaniels mit völlig unterschiedlichem Phänotyp geworden sind.

In seinem Standard wird der American Cocker als „das kleinste Mitglied in der Gruppe der Jagdhunde“ bezeichnet. In dieser Beschreibung wird offensichtlich noch an die Historie bzw. an die ursprüngliche Herkunft des Cocker Spaniels erinnert. In der Praxis sieht das zumindest in Europa ganz anders aus. Der American Cocker hat

Mehrfarbige American Cocker

sich – nicht zuletzt durch die Standard-Vorgaben – praktisch aus der Familie der Jagdhunde verabschiedet. Ein Beleg dafür ist auch, daß der American Cocker als einziger Vertreter der Spaniel-Familie keine Arbeitsprüfung benötigt, um den Titel „Internationaler Schönheits-Champion“ erringen zu können. Er ist ein überaus attraktiver Schau-Spaniel geworden, der nicht zuletzt aufgrund seiner geforderten anatomischen Voraussetzungen auf Zuchtschauen durch seine Bewegung fasziniert und in der Konkurrenz um den „Best in Show“ oft genug die Nase vorn hat.

Der American Cocker bewegt sich in der Größe zwischen 35 cm (Hündinnen) und gut 38 cm (Rüden); deutliche Abweichungen nach oben oder nach unten würden je nach Geschlecht zur Disqualifikation führen. Das Besondere am American Cocker ist der Kopf, dessen Proportionen im Vergleich zum Cocker Spaniel völlig anders sind: Beim Cocker ist der Abstand von der Nase bis zum Stop genauso lang wie der Abstand vom Stop zum Hinterhauptbein, also ein Längenverhältnis von 1:1. Beim American Cocker halbiert sich die geforderte Länge von der Nase bis zum Stop, es gilt also ein Längenverhältnis am Kopf von 0,5:1. Im Gegensatz zum Cocker wird beim American Cocker ein kurzer, abfallender Rücken verlangt. Er erscheint in folgenden Farben: Schwarz und Schwarz mit Loh, andere Einfarbige (dazu zählen alle Schattierungen vom hellsten Creme bis zum dunklen Rot einschließlich Braun und Braun mit Loh) sowie die Mehrfarbigen, bei denen die Farben denen des Cocker Spaniels vergleichbar sind.

Der American Cocker gehört in den Vereinigten Staaten zu den beliebtesten Hunderassen, in den Eintragungszahlen stand er lange Zeit ganz vorn. Auch auf dem europäischen Kontinent hat er inzwischen eine große Anhängerschaft gewonnen.

Der **English Springer Spaniel** zählt zu den ganz alten Spaniel-Rassen. Erste Erwähnungen des „Springing Spaniel“ datieren zurück in das 16. Jahrhundert, als Caius, ein Arzt des Königs Edward VI., über diesen zur Jagd verwendeten Hund berichtete. Um 1800 wurden erste Versuche unternommen, den English Springer in seiner originären Form zu züchten, und zwar von der Boughey-Familie, deren Nachkommen im Jahr 1903 den ersten English Springer-Field Trial Champion züchteten.

Im Jahr 1902 anerkannte der Kennel Club den English Springer Spaniel als eigenständige Rasse, wobei es niemanden störte, daß der Champion „Rivington Sam“, dessen Blut in vielen späteren Springer-Generationen floß, aus einer Kreuzung zwischen einem Cocker und einem English Setter stammte. Seit 1903 erlaubte der Kennel Club den English Springer Spaniels, als eigenständige Rasse auf Ausstellungen anzutreten. Erst zu diesem Zeitpunkt begann die Reinzucht des English Springers, die schließlich zu der heute bekannten und im Standard festgelegten phänotypischen Form des English Springer Spaniels führte.

Der Standard fordert ihn als einen symmetrisch gebauten, kompakten, kräftigen (allerdings nicht übertrieben kräftig), fröhlichen und lebhaften Hund. Der Kopf soll von mittlerer Länge und im Verhältnis 1:1 (wie beim Cocker Spaniel) sein, verhältnismäßig breit und leicht gerundet, einen (nicht übertriebenen) Stop aufweisen und quadratische, allerdings nur mäßig tiefe Lefzen zeigen. Der Rücken des English Springers ist nicht deutlich abfallend, das Gebäude ist muskulös, kräftig und weder kurz, noch zu lang. Der English Springer tritt in den Farben Braun-Weiß und Schwarz-Weiß sowie beide Farben mit Loh-Zeichnung auf. Seine richtige Höhe liegt bei etwa 51 cm, wobei Hündinnen auch geringfügig unter diesem Maß liegen können.

Die Beurteilung des English Springers im Ausstellungsring ist heute schwierig geworden, weil vermehrt eine Typ-Modifikation auftaucht, die unter der Bezeichnung „Amerikanischer Typ“ eine Modeerscheinung zu werden droht. Speziell aus den skandinavischen Ländern kommen immer wieder „English Springer Spaniels“ in die Szene, die eigentlich keine mehr sind oder zumindest nicht mehr so bezeichnet werden dürften. Es sind dies überaus elegante und durch ihre Bewegung faszinierende Springer, deren äußeres Erscheinungsbild

English Springer Spaniel

erheblich von den Vorgaben des Original-Standards abweicht. Am signifikantesten werden die Unterschiede am Kopf: Der amerikanische Springer-Typ verkörpert nachgerade einen großen Cocker-Kopf mit ausgeprägtem, manchmal sogar übertriebenen Stop, mit einer Tendenz zu einem immer kürzer werdenden Vorkopf, bei dem das Längenverhältnis 1:1 nicht mehr stimmt, und mit Behängen, die extrem tief angesetzt sind. Das Gebäude dieses Springers wird immer kürzer und in der Rückenlinie abfallender, das Haarkleid ist speziell an der Brust und an den Bauchfahnen viel zu üppig. Es ist ein ausgesprochener Show-Typ, wie gesagt mit meist phantastischer Bewegung und blendendem Äußeren – aber es ist nicht mehr der ursprüngliche, über Jahrzehnte gewachsene typische English Springer Spaniel.

Hier gilt es für die Zuchtrichter, aber auch für die Züchter dieser edlen Rasse, allen Versuchungen zu widerstehen. Wenn die Amerikaner „ihren" Typ durchsetzen wollen, sollten sie möglichst bald einen eigenen Standard der F.C.I. zur Genehmigung vorlegen. Dann bestünde Klarheit für die Zucht, wie für das Richten. Gefährlich für die Zukunft der Rasse English Springer Spaniel sind die sogenannten Mischformen, die dann entstehen, wenn man „neues Blut" in die alten Linien bringt und sie so letztlich völlig verwässert. Und das hätte diese großartige Spaniel-Rasse am wenigsten verdient.

Der **Welsh Springer Spaniel** gehört ebenfalls zu den ganz alten Spaniel-Schlägen. In allen entwicklungsgeschichtlichen Darstellungen wird der rotweiße Springer dem gleichen Ursprung zugeordnet wie der English Springer. Der Name dieses Spaniels weist allerdings darauf hin, daß er in dieser Farbe gehäuft in Wales vorgekommen ist, ohne daß es allerdings gesicherte Belege für die Ursprünge des Welsh Springers gibt. Auch für ihn gilt, daß alle möglichen Verbindungen und Kreuzungen über viele Jahre hinweg schließlich zu dem geführt haben, was um die Jahrhundertwende in eine reingezüchtete Rasse gemündet ist. Auch der spätere Welsh Springer entstammte den „Springing Spaniels", die als solche im 18. Jahrhundert in England als in der Jagd eingesetzte Hunde eine immer größere Verbreitung fanden. Nachvollziehbare konkrete Darstellungen des Vorgängers unseres Welsh Springers heutiger Prägung stammen aus dem Jahr 1859. Wie für den English Springer hat der Kennel Club auch für den Welsh Springer Spaniel erst im Jahr 1902 eindeutig getrennte Eintragungen vorgenommen, wobei „Corrin of Gerwn" als der anerkannte Urvater der Welsh Springer in der vom Kennel Club anerkannten Form zu gelten hat. (Noch sein Vater „Corin“ wurde als Cocker Spaniel eingetragen, woraus unschwer zu erkennen ist, wie eng um die Jahrhundertwende die Verwandtschaft der heute so sorgsam getrennten Spaniel-Rassen gewesen ist.) Nach dem Ersten Weltkrieg waren in England kaum mehr Welsh Springer eingetragen. So ist festzustellen, daß dieser vom gesamten Äußeren her so alte und über Jahrhunderte in zahllosen Darstellungen und Beschreibungen bekannte Spaniel-Schlag sich in seiner Reinzucht erst in den zwanziger und dreißiger Jahren dieses Jahrhunderts wirklich gefestigt hat. Gerade die Geschichte der Welsh Springer steckt voller Überraschungen, weil sie Lücken in einer Zeit aufweist, in der alle anderen Spaniel-Rassen längst züchterisch dokumentiert waren.

Es ist durchaus zu bedauern, daß sich der Welsh Springer Spaniel hierzulande (wie übrigens auch in Österreich und der Schweiz) nicht besser durchgesetzt hat. Der heutige Welsh Springer ist doch in besonderer Weise ein attraktiver Jagdhund: Er paßt von der Größe (Rüden 48 cm, Hündinnen 46 cm) sogar ohne Probleme in die Wohnung eines Jägers, er ist ein exzellenter Stöberer mit viel Passion, er apportiert gern und ist, wie vielfach bewiesen, spurlaut, er entwickelt Wildschärfe und ist für die Wasserjagd geeignet. Er brauchte den Durchbruch, den der English Springer in den vergangenen Jahren erlebt hat, und wäre er erst einmal so weit bekannt, würde er seinen Weg auch bei uns gehen.

Auch der Welsh Springer ist ein symmetrisch aufgebauter, kompakter Hund, dessen gesamtes Exterieur ihn für die jagdliche Arbeit wie geschaffen erscheinen läßt. Sein freundliches, sicheres Wesen besticht ebenso wie sein Äußeres.

Welsh Springer Spaniel

Auch der Kopf des Welsh Springers ist von der ausgeglichenen Proportion, wie sie der English Springer zeigt, wobei der Behang (weinblattförmig) in Form und im Ansatz (mäßig tief angesetzt) schon erhebliche Unterschiede zu seinem „englischen Bruder“ aufweist. Der Welsh Springer ist kein schwerer Spaniel, aber keinesfalls ist er leicht, windig und ohne deutlich erkennbare Substanz; er ist vollkommen ausgewogen, drahtig, muskulös und zeigt einen fließenden, kraftvollen und raumgreifenden Bewegungsablauf. Der korrekte Welsh Springer präsentiert sich in einem satten Rot-Weiß und ist in dieser Farbe einzigartig unter den Spaniels. Anders als beim Cocker Spaniel darf das Gebäude des Welsh Springers keinesfalls quadratisch sein (auch bei dieser Rasse werden inzwischen in den USA Versuche unternommen, einen neuen Typ zu kreieren); alles, was auf eine Veränderung dieses vom Standard vorgegebenen ursprünglichen Typs zielt, ist im Interesse der Rasse und ihrer Erhaltung strikt abzulehnen.

Der **Clumber Spaniel** wird zu Recht als ein sehr ursprünglicher Spaniel bezeichnet, und das Besondere ist, daß er sich in den nachweisbaren mehr als zweihundert Jahren seiner Existenz im äußeren Erscheinungsbild kaum verändert hat. Über seine Geschichte wird berichtet, daß er etwa in der Mitte des 18. Jahrhunderts von Frankreich kommend dem Herzog von Newcastle geschenkt wurde, um diesen wie es heißt – von der Leistungsfähigkeit französischer Jagdhunde zu überzeugen. Das scheint gelungen zu sein, denn die Herren von Newcastle nahmen die Aufgabe mit den neuen Hunden sehr ernst. Die Zucht mit den Clumber Spaniels blieb über rund 100 Jahre auf wenige, sozusagen auserwählte Personen beschränkt, und sie mündete schließlich an der Wende zum 20. Jahrhundert in die Gründung eines Clumber Clubs (1904).

Damit wurde die Rasse kynologisch anerkannt, sie erhielt einen Standard, auf dessen Grundlage die Reinzucht planmäßig fortgesetzt wurde. In England war der Clumber über lange Jahre ein beliebter und häufig geführter Jagdhund. Seine feine Nase, sein Apportierwille und seine Fähigkeiten als Stöberhund machten ihn unersetzlich für die Jagd zu Lande und im Wasser.

Sein Äußeres ist auch heute anders, als es die meisten anderen Spaniel-Rassen vermitteln. Der Standard gibt für den Clumber keine bestimmte Größe vor, wohl aber macht er Gewichtsangaben: Der Rüde soll rund 36 kg wiegen, die Hündin knapp 30 kg. Das ist schon recht beträchtlich, und es zeigt, daß der Clumber ein massiger und ins-

Clumber Spaniel

gesamt schwerer Hund sein soll. Windige, schmächtige oder „elegante“ Clumber passen nicht in den Standard.

Typisch für ihn ist der mächtige Schädel mit seinem schweren, quadratischen Fang, seinem tiefen Stop und der schweren Augenbrauenpartie. Sein Gebäude ist lang mit einem tiefen Brustkorb und gut gewölbten Rippen, der Rücken ist lang, gerade und breit. Insgesamt steht der Clumber niemals auf hohen Läufen, und dieses Charakteristikum sowie die Form seines Gebäudes verleiht ihm den typischen rollenden Gang.

Niemand sollte aber glauben, daß der massige Clumber etwa ein träger Hund sei. Er zeigt sich meistens lebhaft, hat viel Bewegungsdrang und entwickelt ein Temperament, das man kaum in ihm vermuten möchte.

Dieses und sein überaus angenehmes, freundliches und niemals aggressives Wesen könnten den Clumber auch zu einem sehr angenehmen Familienhund machen, aber es ist ihm im Gegensatz zum Mutterland England auf dem Kontinent niemals gelungen, sich in ähnlicher Weise durchzusetzen wie beispielsweise der Cocker oder der English Springer. Hervorragende Vertreter des Clumber Spaniels sind häufig aus finnischen Zuchten zu sehen. Hierzulande hat dieser weiße Hund mit seinen zitronenfarbenen Abzeichen und seinem seidigen Haarkleid noch nicht die Klientel, die er eigentlich verdient hätte.

Der **Field Spaniel** ist ein sehr alter, ursprünglicher Spaniel-Schlag. Für seine Herkunft gilt, was im Grunde für alle heute bekannten Spaniel-Rassen gilt: Nichts ist ganz sicher, vieles liegt im dunklen. Gesichert ist allenfalls, daß durch Kreuzungen diverser „springing“ und „cocking“ Spaniels ähnlichen Aussehens zum Ende des 19. Jahrhunderts die Rassen entstanden, zu denen heute auch der Field Spaniel zählt.

Sein im Standard niedergelegtes Bild erhielt der Field Spaniel relativ spät; immerhin aber war er als Rasse in Deutschland bereits im ersten Spaniel-Zuchtbuch des 1907 gegründeten Jagdspaniel-Klubs vertreten. In Deutschland wie in England spielte er in der Folgezeit jedoch keine herausragende Rolle. Erst 1923 wurde im Mutterland die „Field Spaniel Society“ gegründet Auch in England halten sich die Eintragungszahlen durchaus in Grenzen (sie bewegten sich zu Beginn der neunziger Jahre knapp unter oder etwas über 100). Um so erstaunlicher ist es dann aber, wenn – wie 1996 geschehen – auf der Cruft’s Dog Show rund 90 Field Spaniels ausgestellt werden. Von solchen Zahlen kann man auf dem Kontinent nur träumen.

Junger Liver and Tan Field Spaniel

Der Standard beschreibt den Field Spaniel als einen gut ausgewogenen, edlen und tüchtigen Jagdspaniel, der nicht in die Stadt paßt, sondern für den Bewohner auf dem Land geeignet ist. Er wird als außergewöhnlich gelehrig, lebhaft, feinfühlig und selbständig beschrieben. Sein Äußeres vermittelt Leistungsfähigkeit, er soll gut bemuskelt und bei einer Widerristhöhe von rund 45 cm kräftig, aber gewissermaßen durchtrainiert erscheinen.

Der Field tritt in den Farben Schwarz, Leberbraun oder Schimmel auf; jede der Farben ist auch mit Loh-Abzeichen möglich. Ähnlichkeiten zwischen Cocker Spaniel und Field Spaniel sind durchaus vorhanden, denn auch der Kopf des Fields soll Adel zeigen und den Eindruck „vornehmer Herkunft" vermitteln. Anders als beim Cocker soll die Fangpartie des Fields allerdings nicht quadratisch (und damit tief!) angelegt sein.

In England gilt der **Sussex Spaniel** als einer der Urväter aller Spaniels. In der Tat ist die Zuchtgeschichte des Sussex relativ genau und durchgängig, nämlich bis in das Jahr 1795 zurückzuverfolgen. Seine Wiege steht in Rosehill Park in der Grafschaft Sussex. Dort begann ein gewisser A. E. Fuller damit, diesen Hund in seiner typischen äußeren Erscheinungsform speziell für Jäger zu züchten, um ihn in schwierigem

Sussex Spaniel

Gelände mit schier undurchdringlichen Hecken als zuverlässigen Stöberer einsetzen zu können. Fuller gelang es vor allem, den Sussex auf einfarbige Exemplare zu selektieren, und dies brachte bald die unverwechselbare Leberfarbe mit den goldschimmernden Haarspitzen, die den Sussex auch heute noch auszeichnet. Aber trotz seiner nachvollziehbaren Vergangenheit erhielt auch der Sussex Spaniel erst im Jahr 1900 vom Kennel Klub seinen eigenen Standard zuerkannt.

Den ganz großen Durchbruch schaffte der Sussex Spaniel allerdings nicht. Seine Entwicklungsgeschichte in diesem Jahrhundert ist vielmehr von Höhen, aber auch von extremen Tiefen gekennzeichnet. Nach dem Zweiten Weltkrieg ging es sogar an die Substanz der Rasse, und einen neuen Aufschwung erlebte sie erst, als zur Stabilisierung des Bestandes die Einkreuzung eines Clumber Spaniels akzeptiert wurde. 1996 erschienen zur Cruft's immerhin rund 60 Sussex Spaniels und vermittelten ein sehr ausgeglichenes Bild des heutigen Rassestandards. Der Sussex soll ein massiver, kräftig gebauter, aber immer lebhafter Hund sein. Er hat eine ideale Widerrist-Höhe von 38 bis 41 cm, bewegt sich also in einer Größenordnung vergleichbar dem Cocker Spaniel. Dieser Hinweis ist um so wichtiger, als viele der kontinentalen Sussex-Vertreter in der Größe deutlich nach unten tendieren und insoweit schon wieder vom eigentlichen Typ abweichen. Der breite, gleichwohl gut gemeißelte Kopf hat einen ausgeprägten Stop und ein deutlich erkennbares Hinterhauptbein. Der Sussex Spaniel hat, bedingt durch seinen Körperbau, einen „rollenden“ Bewegungsablauf. Sein freundliches, aufgeschlossenes Wesen macht ihn zu einem sehr brauchbaren Familienhund, auch wenn seine Herkunft in besonderer Weise die eines Jagdhundes ist. Übrigens gibt es in keinem anderen Spaniel-Standard einen Hinweis, wie er beim Sussex Spaniel zu finden ist: Unter „Charakteristika“ heißt es dort: „Gibt Laut bei der Arbeit im dichten Unterholz“ – was nichts anderes heißt, als daß der Sussex von Natur aus der laute Stöberhund sein soll.

Der **Irish Water Spaniel** weicht in seiner Erscheinung wohl am meistens vom Bild aller anderen Spaniels ab. Seine Zugehörigkeit zur Spaniel-Familie ist auch auf den zweiten Blick nicht zu erkennen. Er ist größer als alle anderen Spaniels (zwischen 51 cm und 59 cm bewegen sich Hündinnen und Rüden), sein Haarkleid ist völlig anders: Dichte, enge, krause Ringellöckchen von einer natürlichen Fettigkeit verlangt der Standard, während bei den anderen Spaniels in aller Regel glattes, seidiges Haar gefordert wird. Auch die Geschichte des Irish Water Spaniels ist nicht lückenlos zurückzuverfolgen. Im Rassestan-

Eine Gruppe Irish Water Spaniels

dard heißt es dazu: „Die genauen Ursprünge der Rasse liegen im dunkeln. Allgemein wird geglaubt, daß sich Water Spaniels aus Hunden entwickelten, deren Ursprung in Persien lag und die über Spanien nach Irland kamen. Der erste irische Hinweis auf Wasserhunde, die Wasservögel jagen, datiert von 1600. So wissen wir, daß Hunde mit wasserdichtem Fell in Irland gebraucht wurden schon vor Einführung der Vogelflinte."

In der Tat gibt es keinen wirklichen Beweis der Abstammung des Irish Water Spaniels; irgendwann in der Mitte des 19. Jahrhunderts gab es den Züchter McCarthy; er hat den Irish Water Spaniel heutiger Prägung geschaffen, ohne jemals zu sagen, wie er wirklich entstanden ist.

Seit 1890 wird der Irish Water Spaniel in Irland durch einen Klub betreut, und zwar als jagender Spaniel ebenso wie als Ausstellungshund. Seine jagdlichen Fähigkeiten sind in dem ihm bestimmten Metier (Wasserjagd) überdurchschnittlich. Von Typ und Ausdruck her können Irish Water Spaniels eine faszinierende Wirkung ausüben. Seinen Kopf ziert ein Haarschopf aus langen, lose hängenden Locken, während der Vorkopf wiederum absolut glatthaarig zu sein hat. Er hat einen kräftigen, gebogenen Hals und einen tonnenförmigen, kompakten und kurzen Körper mit betonter Rippenwölbung. Er wirkt absolut elegant, scheint trotz seiner Zurückhaltung Fremden gegenüber immer aufgeweckt und sogar fröhlich zu sein und wird nicht umsonst gern als der „Clown unter den Spaniels" bezeichnet. Wer Platz genug und Zeit für ausführliche Bewegung hat, der wird den Irish Water Spaniel als intelligenten und liebenswerten Familienhund schnell schätzenlernen.

Zu Beginn der 90er Jahre ist schließlich noch der **American Water Spaniel** in Europa erschienen und hat sich auch hier der Spaniel-Familie zugesellt. Der amerikanische Bruder des Irish Water Spaniel zeigt eine Reihe von Ähnlichkeiten zum Irischen Wasserspaniel, unterscheidet sich aber andererseits auch wieder deutlich von ihm. Er wurde in den Vereinigten Staaten als vielseitig brauchbarer Jagdhund entwickelt, speziell für die Wasserjagd, wobei der American Water Spaniel vom Skiff oder vom Kanu aus zum Apportieren geschickt wird. Er ist ein aktiver, gut bemuskelter Hund mittlerer Größe zwischen 38 und 46 cm, also deutlich kleiner als der Irish Water Spaniel. Der Amerikanische Wasserspaniel soll kein quadratisch aufgebauter Hund sein, sondern in der Proportion geringfügig länger als hoch. Auch im Haarkleid gibt es zwischen den beiden Wasser-Spaniel-Rassen einen erheblichen Unterschied. Während der irische Vertreter das über den gesamten Körper gelockte Haar haben muß, verlangt der Standard des American Water, daß das Haar von einheitlich gewellt (onduliert) bis eng gelockt reichen kann, wobei die Menge der Wellen oder Locken bei demselben Hund von einem Körperteil zum anderen variieren kann.

Auch der American Water Spaniel ist ein überaus intelligenter, eifriger und arbeitswilliger Hund. Seine angeborene Freundlichkeit und sein liebenswertes Wesen (zusammengenommen mit der erwähnten Größe) könnten ihn zu einem idealen Familienhund machen; es scheint aber fraglich, ob die ersten züchterischen Bemühungen um diesen Hund zu einer größeren Verbreitung führen werden.

Alle aufgeführten Spaniels haben ihren Standard vom Kennel Club in England, vom Irischen Kennel Club sowie vom Amerikanischen Kennel Club erhalten. Diese neun Rassen unterscheiden sich alle zusammen erheblich voneinander, und zwar optisch so sehr, wie es bei kaum einer anderen Hundefamilie auftritt. Wesensmäßig gibt es allerdings für alle Spaniel-Rassen durchaus Gemeinsames: Alle sind gutartig, freundlich, intelligent, stark auf den Menschen fixiert, unkompliziert und ohne Aggressivität.

American Water Spaniel

Wer sollte einen Spaniel kaufen?

Von den charakterisierten neun Spaniel-Rassen ist der Cocker weitaus am meisten verbreitet. Selbst den amerikanischen Cocker, der in seinem Heimatland geradezu unglaubliche Eintragungszahlen aufweist, sieht man außer auf Ausstellungen seltener. Wenn wir uns in diesem Buch mit den Spaniels auseinandersetzen, sollen also in erster Linie die bei uns am meisten verbreiteten Spaniels, allen voran der Cocker, gemeint sein.

Jagdhund oder Begleithund

Der Cocker ist vor allem als Begleithund in den vergangenen Jahren so sehr in Mode gekommen, daß viele Besitzer und vor allem auch Interessenten darauf hingewiesen werden sollten: Hier handelt es sich zunächst und ursprünglich um einen Jagdhund.

Dieser Hinweis ist deswegen so überaus wichtig, weil immer weniger Cocker ihrer Herkunft und ihrer Art entsprechend gehalten werden können. Der Cocker als freundlicher Begleithund ist zwar verbreitet, weil sein gutmütiges Wesen ihn auch diese Lebensweise aushalten läßt. Ein fröhlicher Cocker im Sinne seiner vom Standard beschriebenen Möglichkeiten wird ein solcher Hund nicht immer sein, und das gilt im Prinzip für nahezu alle Spaniels.

Was soll damit gesagt werden? Zunächst einmal, daß jeder, der den Kauf eines Spaniels erwägt, sich selbst, seine Lebensgewohnheiten, seine Umwelt und die Möglichkeiten überdenken muß, die er seinem temperamentvollen Hund bieten kann. Es ist nicht nur ein deprimierender Anblick, es grenzt aus meiner Sicht sogar schon an Tierquälerei, wenn man jene armen Spaniels an der Leine durch die Straßen trotten sieht, die niemals Wald oder freies Feld gesehen haben, die noch nie in ihrem Hundeleben die Gelegenheit zum Stöbern hatten, die außer Laternenmast und Hausecke keine Freiheit kennen und die schließlich in der Urlaubszeit, weil Herrchen und Frauchen auch einmal „Erholung vom Hund“ brauchen, ein kümmerliches Leben in irgendeinem „Hundehotel“ fristen müssen.

Wer nach kritischer Selbstprüfung zu dem Schluß kommt, daß das Leben seines Spaniels so oder ähnlich aussehen wird, der sollte die

Finger davon lassen. Bei ihm ist ein Spaniel nicht gut aufgehoben, selbst wenn er ansonsten glauben mag, er sei dem Hund ein gutes Herrchen oder Frauchen.

Haus oder Etagenwohnung?

Der Cocker ist seiner Natur nach gebündeltes, nur schwer unterdrückbares Temperament. Das gilt mit gewissen Abstufungen für alle Spaniel-Rassen. Er ist ein Hund mit einem stark ausgeprägten Bewegungsdrang. Eine halbe Stunde an der Leine empfindet der Cocker nicht als Bewegung. Er braucht am Tage ausreichend Zeit intensiver Bewegung, bei der er sich ausarbeiten muß. Er braucht Gelegenheit, seine Anlagen wenigstens im Ansatz zur Geltung kommen zu lassen. Das heißt, ein Cocker sollte auch hin und wieder stöbern können, er sollte seiner Wasserfreude nachkommen können, kurz, er sollte Gelegenheit haben, seinen Arbeits- und Bewegungsdrang immer wieder einmal zu befriedigen. Nun kann man nicht verlangen, daß nur solche Menschen einen Cocker kaufen, die gewissermaßen die Haustür zum offenen Feld oder zum Wald hin haben. Selbstverständlich ist der Cocker ohne Schwierigkeiten in einer Stadtwohnung zu halten, wenn man sich immer der Tatsache bewußt bleibt, daß man eine ganz bestimmte Zeit jeden Tag aufwenden muß, um seinem Hund die le-

Cocker brauchen Bewegung

bensnotwendige Bewegung zu verschaffen.

Grundsätzlich sollte allerdings nur derjenige einen Cocker zu sich nehmen, der Gelegenheit hat, mit dem Hund ohne größere Schwierigkeiten zu einem ausreichenden Auslaufgebiet zu kommen. Der Gang um den Häuserblock, auch wenn er dreimal am Tag unternommen wird, reicht auf gar keinen Fall aus. Der Cocker muß sich auch frei bewegen können, und zwar nicht auf Asphalt, sondern auf natürlichem Boden und im freien Gelände. In vielen Großstädten gibt es inzwischen großräumige Hundeauslaufgebiete. Oft ist es auch möglich, mit seinem Hund in wenigen Minuten ins Freie zu fahren. Wer beides nicht kann, wäre mit dem Kauf eines Cockers schlecht beraten. Er sollte sich vielmehr nach einer Hunderasse umsehen, die nicht den typischen Bewegungsdrang und die Lust an der freien Bewegung hat wie gerade dieser Hund. Diejenigen, die den Kauf eines Cockers erwägen, sollten daher wissen, was sie sich zumuten müssen und was sie ihrem Hund nicht zumuten können.

Um es noch einmal ganz deutlich zu sagen: Natürlich ist ein Cocker Spaniel in einer Stadt- oder Etagenwohnung zu halten, wenn man ihm die notwendige Bewegung regelmäßig tagtäglich gewährt. Ebenso natürlich ist es, daß ein Cocker in einem Einfamilienhaus mit Garten und großem Auslauf besser aufgehoben ist. Der Hund, der den ganzen Tag über an der Luft sein kann, der sich zwischen Wohnung und Garten frei bewegen kann, ist selbstverständlich besser dran als seine Genossen in Stadtwohnungen. Wenig nützt es einem Cocker allerdings, wenn er sich im gepflegten Garten wiederum nicht bewegen darf, weil Blumen oder Beete zerstört werden könnten. Mit diesem Hund müssen eben dann genauso ausreichende Spaziergänge in die freie Natur unternommen werden wie mit einem Etagen-Hund.

Bisher wurde ausschließlich von jenem Cocker und von jenen Spaniels gesprochen, die als Begleithunde beliebt und attraktiv geworden sind. Von ihnen war auch deswegen so ausführlich die Rede, weil diese Spaniels mit großem Abstand die Masse der heute gekauften und gewünschten ausmachen.

Wer allerdings Gelegenheit hat, seinen Spaniel in einem Hundeführer-Lehrgang ausbilden oder sogar für die Jagd vorbereiten zu lassen, der wird mit seinem vierbeinigen Gefährten viel Freude erleben. Denn der Wille zu lernen, auch schnell zu begreifen, ist bei allen Spaniels stark ausgeprägt. Wer jemals gesehen hat, mit wieviel Passion ein Cocker oder ein Springer im Revier arbeitet, der wird eher

Der Jagdhund:
Cocker mit Fasan

denjenigen glauben, die mit Nachdruck die Ansicht vertreten, dort im freien Revier, in der rassegerechten Arbeit liege die eigentliche Bestimmung des Spaniels.

Die äußeren Umstände werden freilich die Spaniels, die zur jagdlichen Arbeit ausgebildet und in der Hand des Jägers vorbereitet werden, immer in der Minderzahl sein lassen. Das muß man der Rasse wegen bedauern, zu ändern ist es zweifellos nicht.

Inzwischen weiß man durch vielerlei Erfahrung, daß der Cocker auch ein überaus liebenswerter und angenehmer Begleithund ist. Das kann und darf aber nicht bedeuten, daß man ihm durch eine entsprechende Haltung die rassetypischen Eigenschaften und Anlagen langsam, aber sicher abgewöhnt.

Der Kauf eines Spaniels

Wenn alles über die Eigenschaften des Spaniels und speziell des Cockers bisher Gesagte gründlich bedacht wurde, wenn sodann immer noch die Überzeugung besteht, man könne es einem so gearteten und so strukturierten Hund mit aller Gewißheit recht machen, dann wird man sich näher mit dem eigentlichen Kauf eines Spaniels beschäftigen dürfen.

In aller Regel sind davor jedoch noch einige Dinge zu bedenken, die man unter gar keinen Umständen vergessen sollte, will man sich späteren Ärger ersparen. Dazu gehört für alle diejenigen, die in Mietwohnungen leben, die vorherige Genehmigung des Vermieters, einen Hund halten zu dürfen. Meistens ist in den Mietverträgen ein genereller Passus enthalten, wonach die Hundehaltung in der Wohnung verboten ist. Dann ist eine Rücksprache mit dem Vermieter oder dem Hauswirt unbedingt erforderlich. Und wenn er seine Zusage gegeben hat, so sollte dies auf alle Fälle im Mietvertrag niedergelegt werden. Was man schwarz auf weiß hat, ist immer besser und sichert einen für die Zukunft ab.

Darüber hinaus kann es nicht verkehrt sein, schon vorher mit den Nachbarn einmal in aller Ruhe über die Absicht zu sprechen, einen Hund als neuen Hausgenossen einzuführen. Wer einfach vor die vollendete Tatsache gestellt wird, könnte sich leichter über „ruhestörenden Lärm“ beklagen als jemand, der über den „Familienzuwachs“ bereits Bescheid weiß und der dann auch daran denkt, daß ein junger Hund schon auch einmal bellt oder weint.

Wenn die Erlaubnis zum Halten eines Hundes nicht gegeben wird, kann man dagegen nichts tun. Kein Vermieter kann zu einem solchen Einverständnis gezwungen werden. Deshalb also lohnt es sich, rechtzeitig Klarheit zu haben.

Sicherheit sollte aber auch innerhalb der Familie darüber bestehen, ob man wirklich einen Hund haben will oder ob dieser Wunsch nicht nur einer augenblicklichen Laune entspringt. Das gilt vor allem, wenn Kinder sich „unbedingt“ einen Hund wünschen. Spaniels generell und Cocker Spaniels speziell sind kein Spielzeug für Kinder, das irgendwann wie eine Puppe oder wie ein Auto in die Ecke gestellt und vergessen werden kann. Auch wenn gerade der Cocker als gutmütiger und manchmal auch besonders kinderfreundlicher Hund ge rühmt wird, so sind doch Zweifel angebracht, ob er für kleinere Kinder, die noch nicht das Gefühl dafür haben, wann sie einem Tier Schmerzen zufügen, der geeignete Kamerad ist.

Wer sich klargemacht hat, daß mit dem Kauf eines Spaniels eine lange Zeit gemeinsamen Lebens, einer eindeutigen Verantwortung für den Hund begonnen hat, wer sich also nicht scheut, Zugeständnisse an die eigene Bequemlichkeit zu machen, der allein sollte sich letztlich zum Kauf entschließen. Glauben Sie vor allem denjenigen nicht, die da meinen, so viel Arbeit mache der Hund ja gar nicht, man merke ihn in der Wohnung kaum. Er macht selbstverständlich Arbeit, er erfordert und verlangt zu Recht Zeit für sich, und er wird, wenn er ein gesunder Hund ist, hoffentlich nicht bloß in irgendeiner Ecke der Wohnung still liegen.

Welche Farbe soll er haben?

Wer sich schließlich für einen Cocker Spaniel entschieden hat, sollte auch in etwa wissen, welchen Farbschlag er möchte. Er hat die Auswahl aus den Ein- und den Mehrfarbigen. Wie bereits beschrieben, gibt es auch beim American Cocker, beim English Springer und beim Field Spaniel unterschiedliche Farben, und es ist reine Geschmackssache, für welche man sich entscheidet.

Oft ist es natürlich so, daß – vor allem bei den Mehrfarbigen – gerade das nicht zu bekommen ist, was man sich eben in den Kopf gesetzt hat. Dann muß man entweder warten, bis sich eine Gelegenheit bietet, oder aber man läßt sich vom Charme eines anderen Welpen so gefangennehmen, daß man entgegen den ursprünglichen Absichten doch einen anderen Hund kauft. Niemals sollte man sich aber einen jungen Hund aufschwatzen lassen. Auch der Hinweis auf alle möglichen Vorzüge kann schließlich nicht jene notwendige spontane Sympathie ersetzen, die man beim Kennenlernen seines künftigen Cockers spüren muß.

Für ernsthafte Interessenten mag es zunächst schwer sein, an die richtige Adresse beim Hundekauf zu kommen. Die Versuchungen sind ja auch groß: In Schaufenstern oder in Kaufhäusern sieht man immer wieder jene niedlichen und zugleich bemitleidenswerten Welpen, an denen man eigentlich als Tierfreund gar nicht vorbeigehen kann. Sie sollten aber daran vorbeigehen, wenn Sie sich Kummer und Verdruß ersparen wollen.

Blauschimmel und Braunschimmel

Bei wem kauft man den Welpen?

Die richtige Adresse ist in jedem Fall ein Züchter und ein Spaniel-Zwinger, der vom Jagdspaniel-Klub e.V. oder einem anderen dem Verband für das Deutsche Hundewesen angeschlossenen Verein anerkannt ist. Wer einen Cocker aus einer solchen anerkannten Zucht kauft, hat weitestgehend die Garantie, daß er einen sorgfältig und verantwortungsbewußt aufgezogenen Hund erhält.

Das betrifft die richtige Ernährung des Welpen ebenso wie die unbedingt notwendigen Schutzimpfungen oder das für die Gesundheit des Hundes so wichtige Kapitel des Entwurmens. Wer keinen Spaniel-Zwinger kennt, der mache sich die Mühe und frage beim Jagdspaniel-Klub nach. Immer wird er eine befriedigende Antwort erhalten, zumindest aber einen Hinweis, wohin er sich sinnvollerweise zu wenden habe. Auch der Verband für das Deutsche Hundewesen (VDH) in Dortmund ist immer bereit, Interessenten für einzelne Rassen weiterzuvermitteln.

Das richtige Alter für den Kauf eines jungen Cockers liegt bei etwa neun bis zehn Wochen. Früher dürfen die jungen Hunde nicht abgegeben werden. Auch das unterscheidet den verantwortungsbewußten Züchter im übrigen von denjenigen, die Hunde für den Handel „produzieren“: Je früher sie zum Kauf in Schaufenstern angeboten werden, desto leichter können sie das Mitleid des Passanten erregen. Vier bis sechs Wochen alte Cocker-Welpen sind in solcher Umgebung keineswegs eine Seltenheit.

Wer schließlich beim Züchter einen Spaniel kaufen will, der muß in aller Regel etwa eintausend Mark oder mehr dafür bezahlen. Vielen erscheint diese Summe immer wieder zu hoch, zumal man anderwärts doch auch schon für die Hälfte einen Cocker erstehen könne. Nun, ein Spaniel aus einer guten Zucht hat in den acht bis zehn Wochen, die er in seinem Zwinger aufgewachsen ist, wertvolle und teure Nahrung für die Aufzucht erhalten; das Entwurmen ist darüber hinaus ebensowenig kostenlos wie die Grundimpfungen durch den Tierarzt.

Im übrigen kann es für die Entwicklung in der „Hundeszene“ nur gut sein, wenn die jungen Hunde nicht zu Schleuderpreisen angeboten werden. Je teurer ein Hund ist, desto sorgfältiger wird sich mancher überlegen, ob er die Anschaffung riskiert – und desto weniger Hunde werden dann hoffentlich im Sommer zur Ferienzeit irgendwo ausgesetzt oder landen im Tierheim.

Die richtigen Papiere

Jeder, der auf ordnungsgemäße Papiere, also auf eine vom VDH anerkannte Ahnentafel Wert legt, muß seinen Hund bei einem VDH-Züchter erwerben. Das werden vor allem solche Interessenten sein, die später vielleicht einmal selbst züchten wollen, oder auch diejenigen, die mit ihrem Hund zu einer Zuchtschau gehen wollen. Grundsätzlich ist jedem Hundebesitzer dringend zu empfehlen, daß er sich einen Hund mit einer anerkannten Ahnentafel kauft.

Daß die Züchter so nachdrücklich darauf hinweisen, bei ihnen allein habe der Käufer mit großer Wahrscheinlichkeit einen guten Griff getan, hat schon seinen guten Grund. Die Sorgfalt, die der Züchter bei der Aufzucht seiner Welpen aufwendet, die Mühe und auch die Kosten sind so erheblich, daß gewissermaßen eine „Erfolgsgarantie“ mitgegeben werden kann.

Im übrigen haben die Interessenten bei einem Züchter immer auch die Möglichkeit, die Elterntiere kennenzulernen oder zu sehen, in welcher Umgebung und unter welchen Bedingungen der junge Hund aufgewachsen ist. Zwar hat es kein Züchter gern, wenn nur Neugierige und Schaulustige dauernd durch seinen Zwinger gehen wollen, nur „um mal eben zu schauen“. Wenn er aber

Welsh Springer-Welpen

wirkliches Interesse spürt, wird sich kein Züchter dem Wunsch verschließen, auch einmal seinen Zwinger und die anderen Tiere besichtigen zu lassen. Weigert er sich strikt gegen ein solches Ansinnen, dann seien Sie mißtrauisch: Er könnte etwas zu verbergen haben.

Man kann ohne Zweifel auch einen älteren Spaniel kaufen, wenn einem die Welpenzeit und die weitere Aufzucht zu anstrengend und nervenaufreibend erscheinen sollten. Niemand sollte aber vergessen, daß die ersten Monate des Kontakts zwischen Hund und Mensch von großer Bedeutung sind. Vor allem in der Zeit, wenn der junge Hund aus seinem heimatlichen Zwinger-Verband ausscheidet, ist er gewillt, sich dem Menschen als seinem neuen „Leittier“ anzuschließen. Es gibt Theorien, wonach ein Spaniel, der älter als 18 bis 20 Monate ist, sich nicht mehr so völlig an eine neue Umgebung gewöhnen könne. Das muß aber keineswegs so sein. Viele Beispiele belegen das. Für den optimalen Kontakt ist es sicher am besten, wenn der Welpe etwa im Alter von 10 Wochen in seine neue Umgebung kommt. Ganz abgesehen davon würden Sie manche frohe Stunde versäumen, wenn Sie diese aufregende Phase in der Aufzucht Ihres Spaniels nicht erlebten.

Rüde oder Hündin

Oft wird die Frage gestellt, was denn für die Haltung in der Wohnung günstiger sei – Rüde oder Hündin. Darauf ist eine verbindliche Antwort nicht möglich. Ganz falsch ist allerdings die prinzipielle Aussage, daß Hündinnen anhänglicher seien als Rüden. Es gibt unzählige Beispiele dafür, daß Rüden dieselbe Anhänglichkeit zeigen, wie sie vor allem von Hündinnen erwartet wird.

Freilich zeigt ein Rüde bisweilen etwas andere Charakterzüge. Er erweist sich oft als unabhängiger, mancher spricht auch von einem größeren „Stolz" der Rüden. Treue und Ergebenheit zeigen Rüden und Hündinnen in gleicher Weise.

Der Käufer sollte sich also zunächst einmal die Frage stellen, ob er eventuell später selbst einmal züchten will. Dann wird es sinnvoll sein, wenn er sich eine Hündin anschafft. Wer eine Hündin haben möchte, der muß sich im klaren darüber sein, daß die eine oder andere Unannehmlichkeit damit verbunden ist. Zweimal im Jahr bekommt die Hündin ihre Hitze: Eine Woche lang ist sie im Entstehen, eine weitere ist sie auf dem Höhepunkt, und eine dritte Woche nimmt sie wieder ab. Diese Zeiten muß der Besitzer einkalkulieren; sie bringen gewisse Mühen mit sich. Nicht zuletzt ist in dieser Zeit darauf zu achten, daß nicht ungebetener Rüdenbesuch zu noch weniger erwünschtem Nachwuchs führt.

Immer wieder wird in diesem Zusammenhang die Auffassung vertreten, man könne die Hündin ja unbesorgt rechtzeitig vor der Hitze beim Tierarzt spritzen lassen, damit die Läufigkeit ausbleibe. Dies ist in der Tat möglich, nur scheint aufgrund aller tierärztlichen Erkenntnisse dies keine gute Lösung zu sein. Vielmehr heißt es, daß durch solche Spritzen der Hormonhaushalt der Hündin – wenn diese Impfung sogar regelmäßig vor jeder Hitze gegeben wird – so nachhaltig durcheinandergebracht wird, daß gesundheitliche Schädigungen ernsthafter Art nicht ausgeschlossen werden können. Tatsächlich sollte man die Entscheidung rechtzeitig treffen und seinen Hund dann der Natur entsprechend leben lassen; auf alle Fälle sind solche Impfungen manipulative Eingriffe, die von der Natur nicht gewollt sind und die negative Folgen haben können.

Diese Sorgen hat der Besitzer eines Rüden nicht. Er muß allerdings darauf achten, daß sein Hund nicht, vom Duft einer läufigen Hündin verführt, alle gute Erziehung vergißt und sich für eine gewisse Zeit auf Freiersfüßen absetzt.

Insgesamt gilt, daß die wesensmäßigen Unterschiede zwischen Rü-

Blauschimmel-Welpe

den und Hündinnen gering sind. Generelle Aussagen über Anhänglichkeit oder Häuslichkeit sind nicht zu machen; immer wird auch der persönliche Kontakt beim Verhalten des Spaniels eine Rolle spielen, unabhängig davon, ob es sich um einen Rüden oder um eine Hündin handelt.

Steuer und Versicherung

Derjenige, der nun nach langem Überlegen und nach sorgfältiger Wahl sich für einen Cocker Spaniel entschieden hat, sollte von Anfang an noch einige Punkte beachten, die ihm Ärger ersparen helfen. Zunächst einmal muß nach den geltenden Bestimmungen für jeden Hund eine Hundesteuer entrichtet werden. Der Steuersatz liegt in den Städten und Gemeinden unterschiedlich hoch. Für die Anmeldung ist in aller Regel das Ordnungsamt einer Gemeinde zuständig. Wer seinen Hund nicht meldet, begeht nicht etwa ein Kavaliersdelikt, sondern er macht sich der Steuerhinterziehung schuldig. Da die Behörden in diesem Punkt meistens wenig Spaß verstehen, sollte man seinen neuen Hausgenossen alsbald anmelden.

Überaus leichtsinnig wäre es, würde ein Hundebesitzer es versäumen, eine Haftpflichtversicherung für sein Tier abzuschließen. Eine solche Versicherung deckt alle Schäden, die ein Hund Nicht-Familienmitgliedern zufügen kann. Das fängt an bei zernagten Taschen und hört auf bei der oft zitierten Hose des Briefträgers – obwohl es sich hierbei fraglos noch um harmlosere Vorfälle handelt. Wer aber daran denkt, welche schweren persönlichen und materiellen Schäden beispielsweise bei einem vom eigenen Hund verursachten Verkehrsunfall eintreten können, dem wird die dringende Notwendigkeit einer solchen Haftpflichtversicherung für den Cocker sofort einleuchten. Es wird sinnvoll sein, sich vor Abschluß einer Versicherung bei den verschiedenen Gesellschaften über die Höhe der Jahresprämie zu informieren, weil es da bisweilen erhebliche Unterschiede gibt. In aller Regel dürften die Sätze für die Versicherung eines Spaniels etwa zwischen 200 und 300 Mark im Jahr liegen. Das ist nicht wenig; es wiegt aber gering, wenn man sich vorstellt, was an Schadenersatzansprüchen auf einen zukommen könnte.

Zur Aufzucht des Cocker Spaniels

Der Käufer, der seinen Spaniel aus einem anerkannten Zwinger erworben hat, kann davon ausgehen, daß sein Hund mit viel Aufmerksamkeit, mit Mühe, Sorgfalt und Liebe sowohl von der Hündin als auch von den Züchtern in den ersten Lebenswochen aufgezogen wurde. Diese Sorgfalt darf nach dem Wechsel aus dem Zwinger in die neue Umgebung nicht plötzlich aufhören, im Gegenteil. Da der Hund von einer Stunde zur anderen in eine völlig neue, ihm noch ganz unbekannte Umgebung verpflanzt wird, ist es notwendig, die weitere Aufzucht mit Verständnis und Einfühlungsvermögen fortzusetzen.

Die neue Umgebung

Man sollte sich immer vergegenwärtigen, daß dieser Wechsel für den jungen Spaniel einen tiefen Einschnitt bedeutet. Mit einem Male wird er von seiner Mutter und von seinen Geschwistern getrennt, plötzlich fehlen ihm die vertrauten Spielkameraden und die gewohnte Umgebung. Es gibt Spaniels, bei denen die Umgewöhnung schnell geht, und es gibt solche, bei denen es länger dauert. Niemals sollte man versuchen, etwas zu erzwingen. Wohlbefinden und Freude an der neuen Heimat entstehen nicht auf Kommando, sondern müssen von den neuen Herrchen behutsam geschaffen werden. Das erfordert Verständnis nicht zuletzt dafür, daß das neue Familienmitglied kein Mensch ist, sondern eben ein Hund, der auch ein solcher bleiben will.

Am schnellsten wird die Umgewöhnungszeit vergehen, wenn Sie dem jungen Hund all das zukommen lassen, was er braucht. Das sind regelmäßige Futterzeiten, viel Schlaf, frische Luft und ausreichende, freie Bewegung. Aber Vorsicht: Ein Welpe sollte nicht auf Gewaltmärschen überfordert werden. Es wäre grundverkehrt, mit einem drei Monate alten Spaniel stundenlange Gänge unternehmen zu wollen. In seiner Zwingerumgebung war er bis dahin auch nicht in dieser Weise gefordert. Er konnte zwar herumtollen, soviel er wollte, aber er konnte sich auch die Pausen so wählen, wie es ihm guttat.

Selbstverständlich kann man einem älter werdenden Spaniel im Laufe der Zeit auch mehr zumuten. Es wird der Tag kommen, da er auf den Spaziergängen weniger schnell ermüdet als Herrchen oder Frauchen; dann hat er wenig Verständnis dafür, daß die schöne Runde schon wieder zu Ende sein soll. Bis es aber soweit ist, sollte man auf die Konstitution des jungen Hundes unbedingt Rücksicht nehmen.

Oft wird auch davor gewarnt, den heranwachsenden Spaniel zu viel Treppen steigen zu lassen. Diese Warnung hat gewiß etwas für sich. Insbesondere sollte vermieden werden, daß der junge Hund Treppen abwärts geht, weil dies eindeutig zur Überlastung von Bändern und Sehnen führen kann. Das gilt etwa für das erste halbe Lebensjahr des Hundes; später ist alles nicht mehr so problematisch, aber auch dann sollte das Treppensteigen nicht zur bevorzugten Bewegungs- und Betätigungsart des Spaniels werden.

Der Stammplatz

Wichtig ist für die Zeit des Ein- und Umgewöhnens, daß der neue Hausgenosse von Anfang an seinen festen, unverrückbaren Platz in der Wohnung hat. Der Hund ist tatsächlich ein Gewohnheitstier. Er würde nicht begreifen, warum sein Körbchen oder sein Platz einmal an dieser Stelle und dann wieder anderswo vorgesehen ist. Das Lager, das für den jungen Spaniel ausgewählt wurde, sollte an einem geschützten Ort sein, wo nicht der übliche Wohnungsbetrieb dauernd den schlafenden Hund stört.

Vor allem aber sollte das Körbchen an einem zugfreien Ort stehen. Nichts ist ungesünder und für den Hund selbst lästiger als ein zugiges Lager. Er würde sich dort auf die Dauer nicht wohl fühlen, ganz abgesehen davon, daß für Augen und Nieren in besonderer Weise ein zugiges Lager schlecht wäre. Es gibt inzwischen Hundekörbe, die auf Beinen oder Untersätzen etwas oberhalb des Fußbodens angelegt sind. Dies ist zweifellos eine sinnvolle Lösung, da sich in kaum einer Wohnung irgendwelche Zugluft ganz vermeiden läßt. Es sollte überdies ein Platz sein, der dem jungen Hund dauernd den Sichtkontakt mit der Familie ermöglicht. Kein Spaniel ist gern ausgesperrt. Er eignet sich daher auch überhaupt nicht zur Haltung etwa in der Hundehütte auf dem Hof. Anders sieht es selbstverständlich in einem großen Zwinger aus. Dort können die Spaniels gemeinsam in ihren Boxen in einem gesonderten Haus oder Raum leben. Aber bei Einzelhunden oder auch dort, wo zwei oder drei Cocker mit der Familie zusammenleben, bedeutet dies in des Wortes eigentlicher Bedeutung ein Zusammen-Leben zwischen Mensch und Hunden.

Für den Hundekorb gilt es noch zu beachten, daß unter keinen Umständen schaumstoffgefüllte Kissen oder Unterlagen darin sein sollten. Vor allem junge Welpen haben einen ganz natürlichen Knabber- und Nagetrieb, der in kürzester Zeit solche Einlagen zu Fetzen werden läßt. Nichts wäre schädlicher, als wenn der junge Hund nun die Schaumstoffeinlage auch noch fressen würde. Dasselbe gilt natürlich auch für andere Kunststoffe. Deswegen sollte dem jungen Hund niemals Plastikspielzeug gegeben werden.

Genauso wichtig wie der einmal festgelegte Platz in der Wohnung ist auch die Regelmäßigkeit beim Fressen. Der Hund sollte sein Futter immer zu gleichbleibenden Zeiten erhalten. Dasselbe gilt schließlich für die Spaziergänge; auch dabei sollte dem Spaniel eine gewisse Regelmäßigkeit geboten werden, zumal gerade das regelmäßig Wiederkehrende in der Erziehung des jungen Hundes eine ganz wesentliche Rolle spielt.

Ein Spaniel wird nur schwer begreifen, warum er von seinen gewohnten und liebgewordenen Bräuchen abgehen soll. Wenn es nur irgend möglich ist, sollte man ihm das ersparen.

Was das Spazierengehen betrifft: Nach seinen Mahlzeiten sollte der Hund keine großen Unternehmungen machen. Er braucht die Zeit

Fröhliches Spielen

zum Verdauen, und dabei will er ruhen. Ansonsten sollte gerade der junge Hund eher einmal zuviel als zuwenig aus dem Haus gelassen werden. Stundenlanges Aushalten ist für die Blase des Junghundes ebensowenig gut wie für seine Nieren.

Der aus seinem Familienverband herausgerissene junge Hund braucht Ersatz für seine bis dahin liebste Tätigkeit, das Spielen. Niemand kann und darf erwarten, daß quasi über Nacht aus dem drolligen, verspielten kleinen Welpen ein vernünftiger Wohnungshund wird. Er wird immer versuchen, nach der unmittelbaren Eingewöhnungsphase Ersatz für seine Tollereien und wilden Spiele zu finden. Deswegen muß man ihm gerade am Anfang viel Zeit widmen, muß seinem Spieltrieb nachkommen – nicht zuletzt mit dem pädagogischen Hintergedanken, dem jungen Hund bei dieser Gelegenheit gleich spielerisch die Rangfolge in der neuen Zusammengehörigkeit zu verdeutlichen.

Die Erziehung

Dieses Kapitel ist für jeden wichtig, der die Freude an seinem Hund nicht frühzeitig verlieren will – deswegen nämlich, weil der Hund beim besten Willen nicht gehorchen will. Vorweg und ganz pauschal gesagt: Wenn das eintritt, ist niemals der Hund schuld, sondern immer der Mensch, der seinen Hund nicht konsequent erzogen hat.

Das wichtigste Stichwort in diesem Zusammenhang lautet Konsequenz. Es ist zugleich der Schlüssel für alles, was im jahrelangen Zusammenleben mit dem Spaniel auf einen zukommt. Hier geht es um die Erziehung des Spaniels zum angenehmen und liebenswerten Hausgenossen.

Der Cocker – wie auch alle anderen Spaniels – gilt zu Recht als ein sensibler und aufmerksamer Hund; deswegen darf seine Erziehung niemals ungerecht sein – er würde es nicht verstehen und wahrscheinlich ganz anders reagieren, als es sein Herrchen gewollt hat. Wenn der Spaniel einmal gemerkt hat, daß Sie es eigentlich gar nicht so ernst gemeint haben, obwohl Sie sich doch nachdrücklich mit ihm auseinandersetzen wollten, dann wird er diese Schwäche immer wieder auszunutzen verstehen. Anders ausgedrückt: Immer muß der Hund den Eindruck haben, daß Herrchen oder Frauchen allein der Chef ist und daß sich Auseinandersetzungen und Kraftproben grundsätzlicher Art für ihn nicht lohnen.

Daraus folgt auch, daß keine erzieherische Maßnahme, worum auch immer es sich handeln möge, auf halbem Wege oder unverrichteter Dinge abgebrochen werden sollte. Auch wenn es manchmal schwerfällt, man muß Geduld aufbringen, sonst erkennt der Spaniel diese Schwäche umgehend und wird sie schamlos auszunutzen versuchen.

Die konsequente Erziehung beginnt schon einmal damit, daß man den Welpen an seinen Namen zu gewöhnen sucht. Nicht immer wollen die neuen Besitzer nämlich jene phantasievollen Namen übernehmen, die auf den Ahnentafeln erscheinen. Mit einem Male wird aus einem „Limelight vom …“ ein ganz einfacher „Sammy“. Dagegen ist gar nichts zu sagen. Nur muß der junge Spaniel von seinen neuen Besitzern gleich vom ersten Tag an ausschließlich seinen neuen Rufnamen hören.

Keine Freikarte für Sessel oder Bett

In engstem Zusammenhang mit der Gewöhnung an den festen Platz stehen die Bemühungen, dem jungen Hund das Springen auf Sessel oder Sofa zu verbieten. Das gilt natürlich nur dann, wenn jemand seine Sitzgelegenheiten nach Möglichkeit frei von Hundehaaren haben will. Wem es gleichgültig ist, ob der Spaniel sein Lager mal auf dem Sessel, mal in der Sofaecke aufschlägt, der braucht sich der Mühe gar nicht erst zu unterziehen. Dem Spaniel klarzumachen, daß er auf diesen herrlichen Sitzgelegenheiten nichts zu suchen hat, ist nicht ganz einfach. Manch einer hat den Ausweg gefunden, seinem Hund nun einen ganz bestimmten Sofaplatz oder einen bestimmten Sessel zuzugestehen, indem er beispielsweise eine Decke dort ausbreitet. Im Prinzip ist dies natürlich ein Kompromiß, der gern angenommen wird, der aber nicht konsequent ist.

Dieses Problem stellt sich noch dringlicher, wenn es um das Bett geht. Kaum ein anderer Platz in der ganzen Wohnung – die Küche vielleicht ausgenommen – ist für den jungen Spaniel anziehender und reizvoller als das Bett. Hier kann man alles schon in der ersten Nacht des Zusammenseins für alle Zeiten verderben.

Roter Cocker-Welpe

Gewiß wird der kleine Welpe in der ersten Nacht fern seiner gewohnten Umgebung „weinen“; er fühlt sich einsam, kennt die neue Umwelt noch nicht, hat sich mit seinen neuen Leuten noch ebensowenig abgefunden wie mit dem Platz, der ihm zugewiesen wurde. Also wird er jammern, natürlicherweise.

Diese Probe ist ganz wesentlich und wichtig für die weitere Entwicklung. Werden Herrchen oder Frauchen nämlich jetzt „schwach“, übermannt sie das Mitleid mit dem armen Kleinen und holen sie ihn zum Trost in das Schlafzimmer, ist es in den meisten Fällen ein für allemal geschehen.

Der Kleine wird zwar sehr schnell ruhig sein, er wird aber in der nächsten und in den folgenden Nächten keineswegs jene Vernunft zeigen, die sein naives Herrchen vielleicht von ihm erwartet. Er wird nämlich nicht denken, da ist schon jemand und ich brauche keine Angst zu haben, sondern er wird – logischerweise – denken, daß es dort im Schlafzimmer eigentlich recht angenehm war und daß man sich offenbar nur entsprechend rühren und bemerkbar machen müsse, um dorthin zu kommen.

Nun ist es zweifellos jedermanns eigene Sache, ob er einen Hund im Bett haben will oder nicht. Sicher ist, daß man dem nur aus dem Weg gehen kann, indem vom ersten Tag an das Schlafzimmer für den Spaniel „tabu" ist und man ihn vielleicht auch einmal eine Nacht lang jammern läßt. In der zweiten oder spätestens in der dritten Nacht wird er die Vergeblichkeit seines Tuns bemerken und sich in das offenbar Unvermeidliche fügen.

Fressen – aber nicht bei Tisch

Ein anderer wesentlicher Punkt der Erziehung betrifft die Freßgewohnheiten unserer Spaniels und speziell des Cockers. Es bereitet keine prinzipiellen Schwierigkeiten, einen Cocker dahin zu bringen, daß er nicht am Tisch bettelt. Man muß den Hund gar nicht aussperren, wenn Menschen essen. Wichtig ist nur, daß er sein Fressen bereits bekommen hat, wenn sich die Menschen an den Eßtisch setzen, denn sonst wäre es eine arge Folter für ihn, müßte er quasi mit knurrendem Magen die Wohlgerüche aus der Küche und vom Teller ignorieren. Für viele Menschen sind am Tisch bettelnde Hunde etwas Unerträgliches.

Man muß es in der Tat so weit gar nicht erst kommen lassen, zumal sich ein solcher Hund in einem Restaurant oder bei einem Hotelaufenthalt kaum großer Beliebtheit erfreuen dürfte. Es ist auch dem landläufig als verfressen verschrienem Cocker mit Geduld durchaus klarzumachen, daß er am Tisch nichts zu suchen hat. Diejenigen, die das Betteln mit der sprichwörtlichen Freßsucht der Cocker zu entschuldigen versuchen, haben es meistens versäumt, ihren Hund rechtzeitig zu erziehen.

Deswegen sollte ein Cocker auch nicht von unvernünftigen Menschen zum Naschen verführt werden. Man tut dem Hund wenig Gutes, wenn man ihm hier und da mal ein Häppchen zusteckt; irgendwann meint er, das müsse so sein, und er wird alsbald seinen Happen fordern. Ausreichend und vernünftig ernährt braucht der Cocker keine zusätzlichen Leckerbissen – und schon gar nicht vom Teller der Familienmitglieder. Ein in diesem Sinne erzogener Cocker wird auch nicht lästig, wenn einmal Besuch ins Haus kommt. Die Gäste müssen nicht dauernd den traurigen Blick des bettelnden Hundes mit ansehen und dann doch schwach werden, wenn der Hund von klein auf dazu erzogen wurde, beim Essen nicht dauernd um den Tisch zu streichen. Wer hier konsequent bleibt, wird auch nicht mit jenen traurigen Kreaturen zu tun haben, die vollgefressen und fett dahertrotten und alles andere als Reklame für eine von Natur aus so attraktive Hunderasse machen.

Gehorchen lernen

Konsequente Erziehung ist auch notwendig, wenn es um das Gehorchen in der freien Natur geht. Was beim Fressen letztlich eine Untugend ist, die dem einen mehr und dem anderen weniger mißfällt, das wird draußen vielleicht zur Lebensnotwendigkeit für unseren Spaniel. Ein Hund nämlich, der im entscheidenden Augenblick nicht gehorcht, gerät leicht in Lebensgefahr. Es

Vater mit zwei Söhnen – mehrfarbige Cocker

kann schon Schwierigkeiten geben, wenn der von Natur aus temperamentvolle Spaniel auf dem Spaziergang im Wald nicht gehorcht. Ein stöbernder, außer Rufweite seines Herrn vielleicht sogar hetzender Hund ist dem Forstpersonal und den Jägern nicht nur ein Ärgernis; im ungünstigsten Fall kann ein solcher Hund sogar erschossen werden.

Ob das gerechtfertigt ist oder nicht, spielt dann keine Rolle mehr. Solange der Spaniel also nicht hundertprozentig auf das Kommando – sei es nun der Ruf oder der Pfiff – hört, sollte man ihn im Wald auch nicht frei laufen lassen. Eine lange Leine ist dann sicher geeignet, mit dem Hund die Gehorsamsübungen anzufangen.

Überall dort, wo Straßen und Autoverkehr in der Nähe sind, gerät ein nicht sofort gehorchender Hund in unmittelbare Lebensgefahr. Das gilt keineswegs nur für die Straßen der Städte oder gar der Innenstädte; dort sollte ein Hund ohnehin niemals frei laufen dürfen.

Aber auch im Freien, wo Straßen in weiterer Entfernung verlaufen, kann es schon einmal passieren, daß dem Spaniel ein allzu verführerischer Wild-Duft in die Nase steigt und er alle guten Vorsätze vergißt. Wenn dann die Erziehung nicht so nachdrücklich war und das Temperament mit unserem Hund durchgeht, kann der Ausflug in der Tat tödlich enden.

Der auf Ruf oder Pfiff sofort reagierende und gehorchende Hund ist also keineswegs eine unterwürfige Kreatur, die alles Eigenleben aufgegeben hat. Für den Hund selbst ist solcher Gehorsam in unserer Zeit eine Lebens- und Überlebensgarantie. Bis es soweit ist, wird allerdings in aller Regel einige Zeit vergehen, in der Sie vielleicht verzweifeln mögen, weil Ihr Hund ganz offenbar überhaupt nichts begreift oder weil er einfach nicht hören will.

Falsch ist es jedoch, den Hund zu schlagen, wenn er von seinem überlangen Ausflug endlich stolz zurückkommt. Wenn auch mit Zähneknirschen, so muß man doch in diesem Fall gute Miene zum bösen Spiel machen und seinen Hund loben, daß er „brav" gekommen ist. Sicher reagiert jeder Hund ein wenig anders auf die verschiedenen Erziehungsmethoden. Und sicher dauert es auch bei dem einen länger als beim anderen, bis er begriffen hat, was er tun darf und was nicht. Generell aber kann man ohne Einschränkung sagen, daß gerade der Cocker, aber auch die anderen Spaniels, sehr bald wissen, was sie dürfen und wann sie ungehorsam waren. Das merkt man jedem Spaniel auch an, wenn er von einer allzu ausgedehnten Unternehmung zurückkommt. Die Unbefangenheit der ersten Tage oder Monate ist schnell vorbei; er weiß ganz genau, wann er „überzogen" hat.

Gehorsam beim Kommen ist nicht nur lebenswichtig für den Hund, es kann auch die gemeinsame Freude an den Spaziergängen erheblich vergrößern.

Nichts ist schlimmer als ein Hund, den man andauernd aus Leibeskräften rufend in seine Nähe bringen muß. Wenn er dann schließlich doch nicht gehorcht, kann der ganze Spaß am Spazierengehen vorbei sein. Mit einem guterzogenen Spaniel aber zu gehen, den man unbesorgt auch frei laufen lassen kann, weil er, wenn nötig, sofort hört, gehört zum Schönsten, was man sich selbst und seinem Hund antun kann.

An der Leine und „bei Fuß"

In diesem Zusammenhang ist immer wieder davon zu hören, daß Cocker generell an der Leine ziehen. Das Spazierengehen könne mit einem Cocker gar keinen Spaß machen, weil er seinem Herrchen oder Frauchen fast den Arm herausreiße. Nun, da verhält es sich im Prinzip ganz genauso wie mit dem Gehorchen: Alles ist eine Frage der konse-

Der Beutetrieb

quenten Erziehung. Von klein auf muß der Cocker beigebracht bekommen, „bei Fuß“ zu laufen, an der Leine natürlich und ohne zu ziehen. Genausowenig, wie der Hund ziehen soll, sollten allerdings auch Sie ihn nicht an der Leine ziehen. Dies kann im Extremfall zu Bänderschäden führen, die sogar ein schlechtes Gangwerk bewirken können.

Im übrigen gilt für das Erlernen der Leinenführigkeit dasselbe, was auch für die ganze übrige Erziehung des Cockers gilt: Haben Sie viel Verständnis, versetzen Sie sich, so gut es geht, in das „Seelenleben“ des Hundes, loben Sie immer mehr, als Sie tadeln – denn gerade der Cocker reagiert auf Lob sehr positiv, er will von sich aus alles machen, was Sie erfreut. Schlagen sollte man einen Cocker grundsätzlich nicht, wenn man ihn erziehen will. Dies ist eine für diese Rasse völlig ungeeignete Methode, zumal der Cocker eher handscheu würde – und nichts ist deprimierender als ein handscheuer, sich dauernd duckender Cocker, der seiner Natur nach fröhlich („merry“ sagen die Engländer treffend!) sein sollte.

Das soll nicht heißen, daß die Erziehung nicht konsequent und streng sein sollte. Aber Schläge sind meistens nur ein Zeichen mangelnder Geduld oder von Ratlosigkeit. Wer sich die Mühe nicht machen will, dem Hund die Autorität und die Überlegenheit des zweibeinigen Meuteführers als wichtigstes und wirksamstes Erziehungsmittel zu demonstrieren, der sollte die Hände von einem Hund im allgemeinen und von einem Cocker im besonderen lassen.

Alle Erziehung sollte grundsätzlich spielerisch begonnen und weitergeführt werden. Die geringsten Fortschritte müssen mit Lob honoriert werden. Wichtig ist auch, daß innerhalb des Erziehungsprozesses für denselben Vorgang immer dieselben Worte und Befehle verwendet werden. „Sitz!“ ist etwas anderes als „Platz!“, „Komm!“ kann nicht dasselbe bedeuten wie „Bei Fuß!“ und so weiter. Jeder Spaniel verbindet sehr schnell mit einem bestimmten Wort eine bestimmte Aufgabe. Er wird sie unvollkommen oder gar nicht lösen können, wenn der Befehl nicht eindeutig und immer gleichbleibend gegeben wird.

Und vor allem: Niemals darf man dem Hund bei der Erziehung etwas durchgehen lassen, was ihm verboten wurde. Das würde ihn so sehr irritieren, daß es mit einiger Gewißheit einen Rückschlag in der Erziehung gäbe.

Zur Erziehung des Hundes gehört auch, ihm beizubringen, daß er einmal eine Zeit lang allein in der Wohnung sein muß. Das soll zwar nicht häufig vorkommen, aber hin und wieder, etwa auch auf Reisen in Hotelzimmern, kann es schon notwendig sein.

Nochmals sei freilich gesagt, daß sich niemand einen Hund anschaffen sollte, der von vornherein weiß, daß er ihn jeden Tag soundsoviel Stunden allein lassen muß. Ein permanent eingesperrter Hund kann nur ein trauriger Hund werden. Denn jeder Hund ist gesellig und leidet unter Alleinsein und Einsamkeit. Wer gar berufstätig und alleinstehend ist und niemanden zum Beaufsichtigen seines Hundes hat, dem muß dringend davon abgeraten werden, und zwar im Interesse des Hundes selbst.

Wenn es aber einmal notwendig ist, den Spaniel allein zu lassen, dann ist das ohne Risiken nur möglich, wenn er es von klein auf gelernt hat. Man kann es sehr gut üben, indem man den kleinen Kerl erst einmal nur wenige Minuten allein in der Wohnung läßt, ihn dann überschwenglich lobt, wenn er diese wenigen Minuten ohne Jammern und Bellen brav überstanden hat. Man kann die Intervalle dann langsam,

Spaniels sind gesellig

aber stetig vergrößern, immer wieder den Hund lobend, wenn er sich ruhig verhalten hat, und ihn keineswegs strafen, wenn es nicht sofort geklappt hat. Mit Geduld und viel Liebe ist es ganz gewiß möglich, dem Spaniel beizubringen, daß Herrchen „ganz bestimmt gleich wiederkommt" und daß er solange „schön brav im Körbchen liegt". Wenn man seinen Spaniel für längere Zeit allein läßt, so sollte er vorher unbedingt Gelegenheit gehabt haben, sich zu lösen. Auch sollte frisches Wasser in seinem Napf sein und genügend frische Luft in der Wohnung. Den Spaniel allein zu lassen, sollte jedoch die Ausnahme sein für den Fall, daß es sich anders nicht regeln läßt. Wer große Freude an einem bewegten Nachtleben hat oder seine Abende regelmäßig in Kneipen zu verbringen pflegt, sollte sich jedenfalls keinen Spaniel anschaffen; der hätte nämlich gar nichts davon.

Stubenreinheit

Ein wichtiges Kapitel, das auch in den Bereich „Erziehung" fällt und das immer wieder großen Ärger in der Öffentlichkeit bereitet, ist die Sauberkeit unseres Hundes. Das fängt damit an, daß man dem Welpen erst einmal Stubenreinheit beibringen muß. Bekanntlich hat es bisher noch jeder normal gehaltene Hund gelernt, sich dort zu lösen, wo es sinnvoll und möglich ist. Dieser Lernprozeß ist für den Welpen deswegen nicht ganz einfach, weil er seine Ausscheidungsorgane noch nicht sofort unter Kontrolle hat. Es kann also durchaus des öfteren passieren, daß das „Geschäftchen" des Kleinen in der Wohnung landet. In diesem Fall ist ein energisches „Pfui!" sehr wohl angebracht; gleichzeitig muß dem Welpen aber klargemacht werden, wohin er in einem solchen Fall des inneren Dranges denn zu gehen hätte. Nur mit diesem konstruktiven zweiten Schritt wird die Erziehung zur Stubenreinheit sinnvoll. Ganz und gar verkehrt, ja verhängnisvoll wäre es, würde man – wie man es früher schon mal hören konnte – den Hund dadurch erziehen wollen, daß man seine Nase in den See oder in das Häufchen steckt.

Deswegen muß man dem Welpen häufiger die Gelegenheit geben, sich zu entleeren. Nur dann kann man mit Fug und Recht erwarten, daß er bald selbst weiß, was er zu tun und wohin er dann zu gehen hat. Und wenn man mit seinem Spaniel nach draußen geht, sollte man von Anfang an darauf achten, daß er sich nicht sofort vor die Haustür oder auf den Gehweg setzt. Wer in der Stadt wohnt, sollte seinen Hund in den Rinnstein führen. Er wird überraschend schnell begreifen, daß er sich nur dort lösen darf und nicht zum Ärger der Passanten mitten auf dem Bürgersteig. Es ist schon eine Rücksichtslosigkeit anderen Menschen gegenüber, wenn man seinem Hund nicht jene Grundbegriffe der Reinlichkeit beibringt.

Das in den letzten Jahren eher gespanntere und kompliziertere Verhältnis zwischen Hundehaltern und Hundegegnern vor allem in den Großstädten hat eine wesentliche Ursache im gedankenlosen und rücksichtslosen Verhalten derjenigen, die ihrem Hund nie beigebracht haben, wo er sich, ohne andere zu belästigen, lösen darf. Auf die gezahlte Hundesteuer zu verweisen, wenn sich der Hund am ganz verkehrten Platz gelöst hat, ist jedenfalls das dümmste Argument.

Der Umgang mit Besuch und Kindern

Das oft ungebärdige Temperament des jungen Spaniels verführt ihn immer wieder dazu, seiner Freude über einen bekannten Menschen dadurch Ausdruck zu geben, daß er ihn stürmisch anspringt. Das mag für einen verständnisvollen Hundefreund amüsant sein, für andere wieder ist es lästig. Das muß man als Spaniel-Besitzer respektieren, und man muß dafür sorgen, daß der Hund noch im jugendlichen Alter diese „Unart" ablegt. Es ist auch sicherlich nicht jedermanns Freude, wenn er von einem Spaniel in der Größenordnung Springer oder gar Irish Water angesprungen wird. Auch hier genügt es, mit Geduld an die Sache heranzugehen. Der Spaniel begreift bei einem strengen „Pfui!" auch hier sehr bald, daß er einen Fremden nicht anspringen darf. Ob man, gleichsam als Notlösung, dem Hund auf die Hinterpfoten treten soll, wenn er gerade hochspringen will, wage ich zu bezweifeln. Auch dies ist eine der Theorien, die sich zwar über Generationen halten, die aber in der Zwischenzeit auch nicht glaubwürdiger geworden sind.

Der Umgang mit Kindern ist, wie bereits angedeutet wurde, nicht immer ganz unproblematisch. Der Spaniel gilt zwar zu Recht als ein gutmütiger und geduldiger Hund, aber auch für ihn ist die Grenze dort erreicht, wo das Zusammensein mit Menschen zur Qual für ihn wird. Das kann bei Kindern relativ leicht der Fall sein, weil sie nur selten ein Gefühl dafür haben, wie weit sie gehen können, ohne dem Hund weh zu tun. Das Ziehen an den langen Spaniel-Ohren gehört für kleine Kinder ebenso zum „Spielen" wie der Versuch, einmal auf dem Hund zu reiten, und ähnliches mehr. Damit ist der Spaniel natürlich bald nicht mehr einverstanden; er wird sich seiner Haut wehren. Dieses dem Hund austreiben zu wollen oder ihn gar dafür zu bestrafen, wäre verkehrt. Ganz abgesehen davon könnte er es auch nicht begreifen, wenn er dafür gestraft würde, daß er sich gegen Quälereien gewehrt hat. Nicht grundsätzlich kann man also in den Fällen zum Kauf eines Spaniels raten, wo kleine Kinder zur Familie gehören oder wo die Eltern meinen, sie müßten den Kindern einen Hund als Spielzeug schenken. Dafür ist speziell der Cocker Spaniel denkbar ungeeignet, wobei andererseits aber auch gesagt werden muß, daß der Cocker bei gerechter und liebevoller Behandlung ein unzertrennlicher Freund und Begleiter von Kindern werden kann. Auch hier ist es also in erster Linie dem Geschick und der pädagogischen Fähigkeit der Menschen aufgegeben, den richtigen Weg zu finden. Niemals darf der Cocker auch im Zusammenleben mit Kindern ungerecht oder unlogisch behandelt werden. Er würde es zwar hinnehmen, aber nicht verstehen können.

„Jeder erzieht sich den Hund, den er verdient!“ – so lautet eine alte Weisheit, die viel für sich hat. Wer später von seinem Spaniel tyrannisiert wird, und das kann auch passieren, der ist tatsächlich selber schuld. Jeder Hund lernt und will lernen. Gehorchen ist für ihn keine Überwindung, sondern ein selbstverständlicher Bestandteil des Zusammenlebens mit dem Meuteführer Mensch. Der Spaniel wird dankbar alles annehmen, was sein Herrchen von ihm verlangt – wenn es auch nur einigermaßen sinnvoll und vernünftig im Sinne der Erziehung ist.

Was man freilich in den ersten Wochen und Monaten versäumt, kann man später nur schwer nachholen. Bestimmte Gewohnheiten verfestigen sich so stark im Bewußtsein eines Spaniels, daß sie kaum mehr zu verdrängen sind. Dessen sollte sich jeder bewußt sein, der in der Welpenzeit meint, man könne ruhig mal „fünfe gerade sein lassen“. Der Spaniel vergißt das bestimmt nicht, und für ihn bleiben dann eben zwei mal zwei immer fünf. Das muß, wie gesagt, nicht so sein. Wer seinen Hund mit Liebe und dem richtigen, hundegerechten Verständnis erzieht, der wird mit dem erwachsenen Hund auch immer Freude haben.

Die Haarpflege des Cockers und des American Cockers

Wenn Ihnen jemand erzählen sollte, die Pflege speziell des Cockers und des American Cockers mache „überhaupt keine Arbeit“, seien Sie mißtrauisch. Sie macht Arbeit, und bisweilen sogar eine ganze Menge. Denn allein die schönen, langen Bauchfahnen und die Befederung an den Läufen bedürfen einer regelmäßigen Pflege. Es gibt Cocker-Besitzer, die der Einfachheit halber diese spezielle Zierde des Hundes abschneiden, mit der Begründung, alles sei dann viel einfacher, und im übrigen bleibe der Hund im Dickicht nicht dauernd hängen. Das ist sicher richtig; nur ist zu fragen, ob derjenige, der so argumentiert, unbedingt einen Cocker Spaniel haben muß.

Wer sich für diese Rasse entschieden hat, sollte die damit verbundenen Verpflichtungen auf pflegerischem Gebiet nicht ablehnen.

Baden

Aber fangen wir mit dem Wichtigsten an: dem Baden. Immer wieder werden gerade die Besitzer von schwarz-weißen oder orange-weißen Cockern gefragt, wie oft sie denn ihren Hund in die Badewanne stecken müßten, um ihm sein schönes seidiges Fell zu erhalten. Die Antwort kann nur lauten: am liebsten nie, wenn nicht gerade eine Zuchtschau ansteht! Aller Schmutz von der regennassen Wiese verliert sich nach dem Abtrocknen durch Bürsten von ganz allein. Kaum etwas schadet dem Haarkleid des Cockers mehr als häufiges Baden. Man sollte den Welpen überhaupt nicht baden, und auch für den erwachsenen Hund ist allergrößte Zurückhaltung mit der Badewanne zu empfehlen. Wenn es aber schon einmal unumgänglich ist, zum Beispiel wenn sich Ihr Cocker in Aas oder Kot gewälzt hat und übelriechend nach Hause kommt, dann verwende man unter keinen Umständen Toilettenseife, da sie der Haut und dem Haar das schützende Fett entzöge. Es gibt für solche Fälle Trockenshampoo für Hunde oder ein Tierschaumbad, das auf die besonderen Bedürfnisse des Hundefells zugeschnitten ist.

Als Grundregel gilt also, daß der Cocker nur gebadet werden sollte, wenn eine Reinigung – oder auch eine Desinfizierung – anders nicht möglich ist. Es ist übrigens immer wieder erstaunlich, wenn man sieht, wie oft ansonsten wasserfreudige Cocker, die keinen Bach und keinen See auslassen, auf einmal Scheu vor Wasser bekommen. Das Baden gerät fast zum Drama, der Hund stellt sich an, als solle er massakriert werden.

Ist ein Bad jedoch unumgänglich, dann ist unbedingt darauf zu achten, daß der Cocker hinterher sorgfältig trockengerieben wird. Auch sollte der Hund unter keinen Umständen in zugigen Räumen liegen. Es ist nämlich ein prinzipieller Unterschied zwischen einem in der Wanne verordneten Vollbad und einem Sprung ins Fluß- oder Seewasser in der Natur. Dort ermöglicht die anschließende Bewegung ein natürliches Trocknen.

Üblicherweise genügen jedoch Kämmen und Bürsten für die Reinigung des Felles. Als gute Hilfsmittel haben sich immer wieder die Gummi-Noppen-Bürste, eine Bürste aus langem Naturhaar und Kämme mit unterschiedlich eng angeordneten Zähnen erwiesen. Vor allem an die grobe Vorarbeit an den Behängen oder an den Fahnen sollte man mit einem nicht zu engen Kamm herangehen; es würde dem Cocker nur unnötige Qualen verursachen. Für die Feinarbeit dann empfiehlt sich der „Spratt's"-Kamm Nr. 6; wer seinen Hund zum ersten Male durchkämmt, wird nicht für möglich halten, was alles an totem Haar zu entfernen ist.

Der Cocker sollte regelmäßig in möglichst kurzen Abständen gebürstet und gekämmt werden; seine langen Haare können vor allem im Bereich der Oberarme oder an den Behängen leicht verfilzen. Am besten läßt man es gar nicht erst soweit kommen und nimmt sich wenigstens zweimal in der Woche die Zeit, seinen Hund gründlich durchzubürsten und zu kämmen.

Die „Jacke" – das typische Kennzeichen

Grundsätzlich gilt für die „Jacke" der Spaniels: Schneiden und Scheren sind verboten. Das seidigglänzende, mittellange Haar ist sein ganz typisches Kennzeichen; der Standard verlangt es ausdrücklich. Daß gelegentlich auch prämiierte Hunde dieser Anforderung nicht gerecht werden, kann niemanden von der Verpflichtung entbinden, gerade auf die einwandfreie, natürliche Jacke besonderen Wert zu legen.

Häufiges Bürsten und Kämmen, vor allem in den ersten Lebensmonaten des Spaniels sind eine Voraussetzung für das schöne, natürliche Haarkleid.

Wer die Geduld verliert und etwa noch im Welpenalter mit der Schere an die Jacke des Cockers herangeht, der wird sich nicht wundern dürfen, wenn er später immer wieder Ärger und neue Arbeit mit dem Fell hat. In der Zeit des Haarwechsels, also rund nach neun Monaten, verliert der Cocker sein Welpenfell. Jeder wird diese Entwicklungsphase in seiner Wohnung recht drastisch zu spüren bekommen. Überall setzen sich die feinen Hundehaare fest; wer einen schwarzweißen Cocker hat, der sieht auf seinem Teppich täglich einen Film weißer Haare.

Jetzt spätestens ist der Zeitpunkt gekommen, wo wir für die Haarpflege des Cockers ein wenig mehr Zeit aufwenden müssen. Es geht nämlich darum, das tote Welpenhaar auszuzupfen oder auszubürsten. Das Auszupfen besorgt man am besten mit zwei Gummifingerlingen, die in jedem Bürowarengeschäft zu kaufen sind. Der Hund merkt von dieser Prozedur kaum etwas und läßt es sich meistens sogar recht gern gefallen. Auch am Kopf sollte man nicht schneiden oder gar rasieren, sondern nach Möglichkeit vor allem, wenn die Haare noch nicht allzu fest sitzen – zupfen. So kann man den Cocker-Kopf sehr schön herausmodellieren, ohne daß der Hund künstlich bearbeitet wirkt.

Selbstverständlich gibt es aber auch Stellen, an denen es ohne den sparsamen und sorgsamen Gebrauch der Effilierschere nun einmal nicht geht. Das ist einmal am Kopf die Partie unmittelbar über dem Ansatz der Behänge, die möglichst glatt und schmal sein sollte. Dies gilt ferner für die Rute, an deren Ende sich bald Locken bilden, wenn man die

Blonder American Cocker – so ein Haarkleid braucht ausgiebige Pflege

wachsenden Haare nicht entfernt. Solche Lockenpracht an der Rute wirkt im übrigen für das Erscheinungsbild ebensowenig attraktiv wie das sogenannte Krönchen auf dem Kopf, das mancher Cocker-Besitzer partout nicht entfernt wissen will.

Auch auf der Innenseite der Behänge darf die Schere benutzt werden, weil dort die Haare auch gern wuchern und die Gehörgänge von der notwendigen frischen Luft abschneiden.

Neben diesem wichtigen praktischen Effekt hat dieses Verfahren noch den Vorteil, daß die Behänge schöner anliegend fallen und dem Cocker ein eleganteres Aussehen geben. Wichtig ist es auch, die Pfoten regelmäßig zu beschneiden. Die bei manchen Leuten überaus beliebten „Pantoffeln“ mögen zwar ganz originell sein, schön sehen sie aber wirklich nicht aus. Dazu kommt, daß unbeschnittene Pfoten den Cocker beim Laufen ganz erheblich behindern und sogar sein schönes, federndes und elastisches Gangwerk verderben können. Auch lassen sich nicht beschnittene Pfoten weniger leicht pflegen; Herbstgras-Milben in den Sommermonaten oder festgesetztes Streusalz im Winter sind nur zwei von vielen Möglichkeiten, wie der Cocker durch ungepflegte Pfoten zu Schaden kommen könnte. Grundsätzlich gilt zwar, daß dem Cocker ein wenig mehr Haar besser ansteht als zu wenig; dort aber, wo es seinem Wohlbefinden eindeutig abträglich ist, wo es nicht darum geht, den Hund für eine Ausstellung „zurechtzutrimmen“, da muß mit Wissen und mit Verstand Haarpflege betrieben werden.

Was hier zum Thema Haarpflege geschrieben wurde, gilt im übrigen mit einigen wenigen rassespezifischen Unterschieden für alle Spaniels, ausgenommen vielleicht die Wasserspaniels.

Der „Jagdspaniel-Klub e. V.“ sowie die anderen VDH-Vereine und ihre Anlaufstellen geben in diesem Punkt allen „Anfängern“ und Interessenten erschöpfende Auskünfte.

Wer sich an diese Adressen wendet, hat vor allem den Vorteil, daß sein Hund dem Standard der Rasse entsprechend behandelt und gepflegt wird. Es hat schon Cocker gegeben, die vom Zurechtmachen zurückkamen und aussahen wie Pudel. Diese Hunde beziehungsweise ihre Besitzer waren an Salons geraten, die nicht speziell und spezifisch den Cocker zurechtzumachen verstanden.

Mit dem Spaniel in den Urlaub

Auf die Schwierigkeiten des längeren Alleinseins eines Spaniels ist bereits in anderem Zusammenhang hingewiesen worden. Wer regelmäßig den ganzen Tag über außer Haus sein muß und daheim niemanden hat, der sich um den Hund kümmern kann, der sollte von der Anschaffung eines Spaniels unter allen Umständen absehen. Ein kurzes Gassi-Gehen vor der Arbeit und ein vielleicht etwas längerer Spaziergang danach genügen weder dem Bewegungsdrang eines Spaniels, noch entsprechen sie dem sozialen Verhalten des Hundes, der das Alleinsein am wenigsten liebt.

Was hier für das tägliche Zusammensein mit dem Spaniel gesagt wird, gilt in spezieller Weise auch für

Begegnung: eine schwarz-weiße Hündin und ein 9 Wochen alter Blauschimmel-Welpe

die Urlaubszeit. Immer wieder kann man hören, daß sich Besitzer Gedanken machen, wo sie in der Urlaubszeit ihren Hund am günstigsten „unterbringen“ können. Dieser Gedankenansatz scheint mir jedoch schon falsch zu sein. Die Überlegung sollte vielmehr sein, wie man einen Urlaub gestalten könne, an dem der Hund teilnehmen und an dem er sich mitfreuen kann.

Es kann gar kein Zweifel darüber bestehen, daß es für den Hund das allergrößte Vergnügen und die größte Freude ist, wenn er mit in den Urlaub fahren kann. Wird es auch noch ein Urlaub, der mit viel Laufen und Bewegung verbunden ist, dann schenken Sie Ihrem Hund ein ganzes Stück Glückseligkeit.

Wer einmal beobachtet hat, wie gern Spaniels Wanderungen im Mittelgebirge oder auch im nicht allzu schwierigen Hochgebirge oder auch an Meeresstränden mitmachen, und wer dann an solcherart Aktivurlaub auch noch Freude hat, für den ist die Urlaubszeit zusammen mit dem Hund niemals Belastung, sondern in der Tat die schönste Zeit des Jahres.

Niemals sonst hat man ja so viel Zeit für seinen vierbeinigen Gefährten wie gerade dann, und selten kann der Kontakt so eng sein wie in diesen arbeitsfreien Tagen. Der Hund ist dann oft gar nicht mehr wiederzuerkennen: Man sieht, daß das Stadtleben alles andere als typisch für den Hund ist.

Einschränkend muß natürlich gesagt werden, daß diese Überlegungen nicht für denjenigen in Betracht kommen, der einen größeren Hundeanhang hat. Für ihn ist der unbeschwerte Urlaub in der Regel vorbei. Wer aber nur einen oder zwei Hunde hat, der kann bei einigem guten Willen und bei etwas Einfühlungsvermögen in seine Hunde nicht nur Kompromisse in der Auswahl und Gestaltung seines Urlaubs schließen, er kann vielmehr Erlebnisse finden, die er vorher nicht für möglich gehalten hätte.

Hundepension oder Hundehotel?

Nur wenn es gar nicht anders geht, sollte man auf die Möglichkeit einer Hundepension für die Zeit der Ferien zurückgreifen. Zwar gibt es inzwischen eine ganze Reihe guter Pensionen, in denen der Hund im Rahmen der Möglichkeiten auch günstig unterzubringen ist.

Niemand sollte sich aber darüber täuschen, daß diese Lösung immer nur eine Notlösung sein kann. Für den Spaniel und speziell für die Cocker, die so besonders anhänglich sind und sehr engen Kontakt zu ihrer Familie brauchen, ist eine Trennung über Wochen hinweg immer eine schlimme Angelegenheit.

Immer dann, wenn der Hund nicht mit der Familie in den Urlaub fährt, bedeutet Ferienzeit für den Vierbeiner Leidenszeit. Selbst wenn der Spaniel für diese Zeit in seinen Herkunfts-Zwinger zurückkehrt, wird er dort nicht so recht froh. Auch das bedeutet eine seelische Belastung für ihn, und wer jemals gesehen hat, wie ausdauernd und intensiv solche Hunde über Wochen hinweg ihren „Eltern" nachtrauern, der wird sich überlegen, ob für das nächste Jahr nicht eine andere Lösung denkbar wäre.

Wer sich indessen entschlossen hat, mit seinem Spaniel in den Urlaub zu fahren, der hat vorweg einiges zu bedenken. Er muß sich darüber im klaren sein, daß keineswegs alle Urlaubsziele, die für Menschen attraktiv sind, auch günstig für den vierbeinigen Freund sein müssen. So hat der Spaniel beispielsweise wenig davon, wenn er zu einem Badeurlaub in den Süden mitgeschleppt wird. An den Stränden ist es oft nicht weit her mit den Möglichkeiten einer freien Bewegung, die sengende Hitze trägt auch nicht zum Wohlbefinden des Hundes bei.

Suchen Sie sich also ein Ziel aus, das für den Spaniel eine nicht allzu große klimatische Umstellung bedeutet und das ihm vielleicht noch ein bißchen mehr Freiheit erlaubt, als er in aller Regel zu Hause hat.

Wichtig ist auch, daß man sich rechtzeitig nach Pensionen oder Hotels erkundigt, in denen Hunde willkommen sind. Es ist nervenaufreibend, wenn man nach langer Fahrt irgendwo übermüdet ankommt und dann nicht in das angepeilte Hotel darf, weil Hunde dort nicht willkommen sind. Also rechtzeitig Quartier machen und bei der Anmeldung die Hundefrage ansprechen – so erspart man sich viel Ärger!

Reisen im Auto

Auf der Autofahrt sollte der Spaniel seinen festen Platz haben, und zwar möglichst auf dem Rücksitz oder im hinteren Teil eines Kombis. Er ist dort am besten aufgehoben, gerade auch in Situationen, in denen er für den Fahrer leicht zum zusätzlichen Gefahrenmoment werden könnte. Der Hundeplatz sollte unbedingt zugfrei sein, weil über längere Strecken allzu leicht Bindehautentzündungen entstehen können. Die meisten Spaniels fahren fast leidenschaftlich gern im Auto und sind daher auch „autofest". Es gibt aber auch immer wieder solche, die mögen und vertragen längere Fahrten nicht. Am besten ist es natürlich, man hat seinen Hund von klein auf, eigentlich vom Tage des Kaufs beim Züchter an, langsam und stetig an das Autofahren gewöhnt. Er wird sehr schnell alle Angst verloren haben und sich auf jede Fahrt freuen. Für ganz hartnäckige Fälle hat der Tierarzt auch Reisetabletten, die das schlimmste Unwohlsein überwinden helfen. Auf längeren Fahrten sollten auch immer wieder Pausen eingelegt werden, weil die Strapazen – nicht zuletzt durch Hitze, und nicht jedes Auto hat eine Klimaanlage – für den Hund noch weit schlimmer sind als für den Menschen. Ein Näpfchen mit frischem Wasser sollte bei jeder Rast gereicht werden, es hilft dem kleinen Kerl gut über die Reise. Wer mit diesen allerwichtigsten Vorsichtsmaßnahmen seine Urlaubsreise antritt, wird kaum Probleme erleben. Immer wieder wird er vielmehr merken, wie sehr sich der Hund freut, daß er dabeisein darf.

Für die Vorbereitung der Reise ist es auch wichtig, sich rechtzeitig über die bei Grenzübertritten notwendigen Impfungen zu informieren. In allen Ländern wird inzwischen ein gültiges Tollwut-Impfzeugnis verlangt; manche Staaten wünschen darüber hinaus noch ein amtstierärztliches Gesundheitszeugnis. Informationen, was im einzelnen von den betreffenden Ländern verlangt wird, erhält man unter anderem beim Amtstierarzt, beim ADAC, beim Deutschen Tierschutzbund in Bonn oder bei den örtlichen Tierschutzvereinen.

Das Problem der Fütterung im Urlaub stellt sich nicht mehr so, seit die Futtermittel-Industrie eine ganze Palette von verschiedenartigen Produkten für nahezu jeden Geschmack anbietet. Vom Paketfutter bis zum Dosenfutter ist alles erhältlich, was zu einer ausreichenden Ernährung notwendig ist.

Wer allerdings in einer gemieteten Wohnung mit Küche oder in einem Ferienhaus untergekommen ist, kann seinem Spaniel ohne viel Mühe selbstverständlich auch das gewohnte Fleisch zubereiten; der Hund wird dies mit Freude annehmen, vor allem dann, wenn er nicht unbedingt ein Freund des Dosenfutters ist.

Bahn- und Flugreise

Komplizierter ist es schon für denjenigen, der ohne eigenen Wagen auf Reisen gehen will und seinen Hund dabeihaben möchte. Für einen guterzogenen Spaniel ist zwar auch eine Bahnreise kein wirkliches Problem, zumindest dann nicht, wenn sie nicht allzu lange dauert. Ein solches Unternehmen ist nicht ganz billig, weil ein Spaniel immerhin eine Kinderfahrkarte haben muß (keineswegs aber so viel Platz beanspruchen darf wie ein Kind!). Bei solchen Reisen kommt es auch ein wenig auf das Fingerspitzengefühl des Hundehalters an, zum Beispiel wie er seinen Mitreisenden den Hund präsentiert und wie er sich mit ihm verhält. Auf alle Fälle ist es günstig, ein Handtuch oder eine Decke dabeizuhaben, auf die sich der Hund legen kann.

Flugreisen mit Hunden bringen im allgemeinen mehr Schwierigkeiten mit sich. Nur selten ist es möglich, den Cocker – die größeren Spaniels ohnehin nicht – mit in die Kabine zu nehmen. Meistens verlangen die Gesellschaften, daß der Hund in speziellen Behältern im Frachtraum untergebracht wird. Bei der Sensibilität der Cocker, die fast sprichwörtlich ist, kann man von dieser Art des Reisens eigentlich nur abraten. Auch wenn man davon ausgehen kann, daß das schreckliche Flugerlebnis für den Cocker bald überwunden sein dürfte, scheint es mir nur der letzte Ausweg bei der Auswahl der verschiedenartigen Transportmöglichkeiten zu sein.

Besondere Aufmerksamkeit verlangt der Spaniel in heißen Gegenden. Dort ist es notwendig, daß ihm möglichst immer frisches Wasser zur Verfügung steht. Auch sollte der Hund sich niemals über längere Zeit in der vollen Sonne aufhalten oder bewegen müssen. Ausreichender Schatten muß immer vorhanden sein; für den Hund bedeutet es im Gegensatz zu manchem Menschen keineswegs den Höhepunkt der Urlaubsglückseligkeit, wenn er in der südlichen Sonne stundenlang braten darf; er reagiert und verhält sich von Natur aus vernünftiger!

Winterurlaub ist für den Spaniel nicht immer ein Genuß. Er hat oft Schwierigkeiten, wenn sich nasser Schnee in den langen Fahnen oder in der Befederung zu immer größer werdenden eisigen Bällen sammelt.

Bei bestimmten Schneeverhältnissen wird das Laufen vor allem für den Cocker und den American Cocker bald zur Qual. Auch zwischen den Ballen kann sich Schnee festsetzen und durch die höhere Körpertemperatur zu Eis werden.

Insgesamt gelten für den „Spaniel im Urlaub" einige Regeln, die zu beherzigen einem viel Mühe und vielleicht auch viel Ärger erspart:

- Man sollte eigentlich nur einen Spaniel halten, wenn man ihn in den Urlaub – zumindest in der Regel – mitzunehmen bereit ist.
- Auch in der Urlaubsumgebung gilt grundsätzlich, was zu Hause zu beherzigen ist: Der Hund braucht ein ruhiges, ungestörtes Lager. Vielleicht hat das häusliche Körbchen noch Platz im Kofferraum.

- Beim Fressen sollte man dem Hund keine prinzipielle Umstellung zumuten; sie würde ihm zusammen mit einer eventuellen klimatischen Umstellung mit Gewißheit in des Wortes wahrstem Sinne auf den Magen schlagen.
- Ein Grundbestand der tierärztlichen Hausapotheke sollte unbedingt im Reisegepäck sein. Durchfallmittel, Augentropfen, Sprühverband, Bandagen und ein Thermometer gehören unbedingt dazu. Im Zweifelsfall aber ist immer der Gang zum Tierarzt zu empfehlen.
- Vor der Reise müssen die erforderlichen Papiere für den Spaniel eingeholt worden sein; vor allem die Impfbescheinigungen müssen für die Grenzübertritte vorliegen.
- In der Urlaubszeit sollte man sich besonders viel Zeit für seinen vierbeinigen Freund nehmen; auch für ihn sollen es ja wirkliche Ferientage sein.
- Unter allen Umständen ist zu vermeiden, daß man in Hotels oder Unterkünften anderen Gästen zur Last fällt. Viele Restaurants und Hotels wünschen keine Hunde im Speisesaal; das muß man respektieren.
- Überhaupt sollte man nur einen Hund mit auf Reisen nehmen, der gut erzogen ist und nicht von sich aus noch Schwierigkeiten bereitet.

Der Spaniel auf Ausstellungen und Prüfungen

Hundeausstellungen erfreuen sich seit einigen Jahren einer stetig steigenden Beliebtheit. Wer erlebt hat, wie bei Internationalen Ausstellungen, die in der Bundesrepublik alljährlich in größerer Zahl stattfinden, an den Ausstellungstagen manchmal 20 000 Besucher und mehr an den Boxen vorbeidrängen, der vermag auch einzuschätzen, welchen Stellenwert der gesamte Komplex inzwischen im Freizeitverhalten der Menschen einnimmt. Früher waren Ausstellungen, vor allem aber die Spezialzuchtschauen, mehr oder minder „Insider"-Veranstaltungen der Züchter. Heute haben auch die „privaten" Hundehalter Freude an der Sache gefunden. Sie stellen ihren Spaniel ebenfalls auf Schauen vor und beleben damit ganz eindeutig die Ausstellungsszene nicht nur quantitativ, sondern oft genug auch von der Qualität ihrer gezeigten Hunde her. Für den Ausstellungsneuling scheinen die Hürden, die vor einer Schau aufgebaut sind, allzu hoch zu sein. Er ist daher immer gut beraten, wenn er sich bei einem erfahrenen Aussteller oder beim Züchter über das Drumherum informiert und sich praktische Ratschläge geben läßt.

Voraussetzungen

Oft ist es so, daß Züchter die Besitzer von Hunden aus dem eigenen Zwinger dazu anregen, ihren Spaniel auf einer Ausstellung einmal zu zeigen. Gerade der Züchter hat ja den Blick dafür, ob es sich wirklich lohnt, den Hund zur Ausstellung zu bringen.

Derjenige, der sich entschließt, sich in das „Abenteuer Ausstellung" zu wagen, hat schon vorweg eine Reihe Vorbereitungen zu treffen. Er sollte sich zunächst einmal im klaren darüber sein, warum er es überhaupt tut. Wer einmal züchten will, braucht für seinen Hund oder für seine Hündin die Zuchtzulassung. Die wiederum kann er allein auf einer Ausstellung, besser: Zuchtschau erhalten.

Aus purer Eitelkeit sollte dagegen niemand zur Hundeausstellung gehen. Die Enttäuschungen könnten groß sein, wenn der eigene Hund nun nicht auf Anhieb einen „vorzüglichen" Formwert erhält. Es ist auch schon vorgekommen, daß solcherart enttäuschte Aussteller die Freude an ihrem Hund verloren haben. Diese Einstellung kann man nicht scharf genug kritisieren. Wer den Wert eines Hundes oder gar die Liebe zum Hund von einem Formwert abhängig macht, der sollte am besten gar keinen Hund besitzen.

Gehen wir also davon aus, daß der Aussteller entweder aus züchterischem Interesse oder aber auch aus einem gewissen sportlichen Impetus heraus eine Ausstellung besuchen will. Er muß sich dann zunächst beim zuständigen Schauleiter die Meldeunterlagen besorgen. Die Adresse des Schauleiters findet sich im Kluborgan „Der Jagdspaniel“ (oder in den Publikationen anderer Spaniel-Vereine), und zwar unter den dort ausführlich aufgeführten Ausstellungsterminen. Klubmitglieder werden jedem Interessenten den richtigen Weg weisen.

Bezirks- und Spezial-Zuchtschauen sowie „Internationale“

Zunächst seien die verschiedenen Ausstellungsarten aufgeführt, die es in der deutschen Ausstellungsszene gegenwärtig gibt:

Da ist zunächst einmal die **Bezirkszuchtschau,** gewissermaßen die Basis in der Ausstellungspyramide. Auf solchen Bezirkszuchtschauen geht es in aller Regel recht familiär und formlos zu. Es gibt dort keine strengen Klasseneinteilungen. Die Spaniels werden nach Geschlechtern und Farbschlägen unterschieden und gerichtet. Auf einer Bezirkszuchtschau sollen in erster Linie Spaniels erscheinen, die zum ersten Male ausgestellt werden und die ihren ersten Formwert erhalten sollen. Es ist dies ein günstiger Einstieg in das „Schau-Geschäft“. Der Spaniel muß noch kein Ausstellungs-Profi sein, der Richter wird ihm kleinere Unarten nachsehen. Auf einer Bezirkszuchtschau werden keine Plazierungen vergeben, sondern allein Formwerte (beim Jagdspaniel-Klub auch die Zuchtzulassung).

Die **Spezialzuchtschau** verlangt schon ein ganzes Stück mehr. Hier geht es bereits um höhere Ehren wie etwa Klassensieger, Farbschlagbeste oder Siegeranwartschaften. Spezialzuchtschauen sind inzwischen zu Treffpunkten der Spaniel-Creme geworden. Denn alle renommierten Züchter stellen dort aus, die Qualität der gezeigten Hunde ist in aller Regel sehr hoch.

Hier gibt es nun auch die sogenannten Plazierungen, das heißt, daß in jeder Klasse die vier besten ermittelt und auch ausdrücklich herausgestellt werden. Solche auf Spezialzuchtschauen errungenen Plazierungen berechtigen den Besitzer des Spaniels schon zu einigem Stolz: Wer hier zu Ehren kommt, der hat mit Gewißheit einen – im Sinne des Standards – schönen Hund. Das

Auf dem Richtertisch

gilt vor allem auch für die nur im mehrjährigen Abstand stattfindenden Hauptzuchtschauen des Jagdspaniel-Klubs.

Die **Internationalen Zuchtschauen** schließlich erfreuen sich beim Publikum besonderer Beliebtheit. Das kommt einfach daher, weil die Besucher solcher Ausstellungen auf kleinem Raum nahezu alle hierzulande existierenden Hunderassen sehen können. Im Gegensatz zu den klubinternen Ausstellungen müssen die Hunde bei solchen Schauen den ganzen Tag über in einer Box zubringen; überhaupt sind Reglement und Bestimmungen bei diesen vom VDH veranstalteten Ausstellungen strenger, oft auch im Interesse der zahlenden Besucher. Bei dieser Art der Ausstellungen wird die Anwartschaft auf das **„Certificat d'Aptitude au Championnat International de Beauté“** (abgekürzt: CACIB) vergeben; mehrere solcher errungenen Anwartschaften können

Sieben Spaniel-Rassen zur Bewertung

dann zum Titel „Champion International de Beauté“ führen.

Nun ist es auch nicht so, daß jeder Interessierte sich einen Meldeschein besorgen und dann einfach zu dieser oder jener Ausstellung melden kann. Es gibt da eine Reihe von „Klassen“, in denen man seinen Hund unterbringen kann. Jede dieser Klassen erfordert bestimmte Voraussetzungen. Im einzelnen werden unterschieden:

Die **Jüngstenklasse** für Hunde von 6 bis 9 Monaten. Hier können die ganz jungen Spaniels erstmals Ausstellungsluft schnuppern.

Die **Jugendklasse,** die Spaniels im Alter zwischen 9 und 18 Monaten vorbehalten ist. In die Jugendklasse sollte man alle Hunde melden, die von ihrer Konstitution und von ihrer Entwicklung auch wirklich dorthin gehören.

Die **Offene Klasse** gehört der großen Masse all der Hunde, die in keine andere Klasse gemeldet werden können oder sollen. Das Alter nach oben spielt in der Offenen Klasse keine Rolle, das Mindestalter beträgt 15 Monate; es ist daher auch kein Wunder, daß in dieser Klasse immer die höchsten Meldezahlen überhaupt vorliegen. Für die Hunde ist es überaus schwierig, sich in einer Klasse von vielleicht 20 oder mehr Spaniels zu behaupten und sich sogar ganz vorn zu plazieren. Auch bei Internationalen Ausstellungen kann der Spaniel frühestens ab 15 Monaten in die Offene

Klasse gemeldet werden. Hier sowie in der Gebrauchshund- und der Championklasse kann das CACIB gewonnen werden.

Die **Gebrauchshundklasse** ist auf den Ausstellungen meist nur schwach besetzt – leider. Hier können nämlich die Hunde gezeigt werden, die nicht nur Schönheit im Sinne des geforderten Standards haben, sondern darüber hinaus auch noch eine erfolgreich absolvierte jagdliche Prüfung nachweisen müssen. Die Zwinger in der Bundesrepublik, die in der Gebrauchshundklasse Spitzenhunde zeigen, sind leider an den fünf Fingern einer Hand abzuzählen. Schönheits- und Leistungszucht erfolgreich zu vereinbaren ist immer ein schwieriges Unterfangen.

Die **Zuchtklasse** gibt es nur auf den klubinternen Ausstellungen, nicht auf den „Internationalen". Sie ist für Hunde gedacht, die, unabhängig von ihrem Alter, im Besitz des Züchters stehen.

Die **Championklasse** wiederum ist für Hunde mit anerkannten Siegertiteln gedacht. Dazu gehören beispielsweise die Klub-Champions, Bundes- und Europasieger, Deutscher Champion (VDH) oder auch Nationale Sieger wie etwa der Champion von Luxemburg, von Monaco usw.

Zu erwähnen ist schließlich noch die **Ehrenklasse.** Im Gegensatz zur Championklasse läuft sie außer Konkurrenz, das heißt, die hier gezeigten Hunde konkurrieren nicht um Anwartschaften oder Plazierungen. Die Ehrenklasse ist denjenigen Hunden zugedacht, die – und das ist allerdings Voraussetzung – bereits bestätigte Internationale Schönheits-Champions sind.

Schließlich wurde noch die **Seniorenklasse** (Veteranenklasse) geschaffen. In die Seniorenklasse können nur Hunde gemeldet werden, die mindestens acht Jahre alt sind. Vom VDH und von den Vereinen wird dieser Klasse zunehmend mehr Bedeutung beigemessen, weil es im Interesse der Zucht attraktiv und wichtig ist, alte, gesunde Hunde in guter Kondition zu präsentieren.

Formwerte

Die Formwerte, die auf den Ausstellungen vergeben werden, sind immer wieder Anlaß zu leidenschaftlichen Diskussionen und großen Aufregungen. Grundsätzlich sei zu diesem Thema gesagt, daß niemand die Angelegenheit so ernst nehmen sollte, daß er sich wegen eines minderen Formwerts wirklich erregt. Dies macht nicht nur einen schlechten Eindruck, es ist auch der Sache nicht angemessen. Wie bereits gesagt wurde: Der Formwert sollte nichts aussagen über das Verhältnis zwischen Hund und Herrchen, beides darf miteinander überhaupt nichts zu tun haben.

Die Formwerte besagen im einzelnen:

Vorzüglich darf nur einem Hund zuerkannt werden, der dem Idealstandard der Rasse sehr nahekommt, in ausgezeichneter Kondition vorgeführt wird, ein harmonisches und ausgeglichenes Wesen ausstrahlt, der „Klasse" und eine hervorragende Haltung hat. Seine überlegenen Eigenschaften seiner Rasse gegenüber lassen kleine Unvollkommenheiten vergessen, aber er muß die typischen Merkmale seines Geschlechtes besitzen.

Sehr gut wird nur dem Hund zuerkannt, der die typischen Merkmale seiner Rasse besitzt, von ausgeglichenen Proportionen und guter Verfassung ist. Man wird ihm einige verzeihliche Fehler nachsehen, jedoch keine morphologischen. Dieses Prädikat kann nur einem Klassehund verliehen werden.

Gut ist einem Hund zuzuteilen, der die Hauptmerkmale seiner Rasse zwar besitzt, aber Fehler aufweist.

Genügend erhält der Hund, der seinem Rassetyp genügend entspricht, ohne dessen allgemein bekannte Eigenschaften zu besitzen, beziehungsweise dessen körperliche Verfassung zu wünschen übrig läßt.

Nicht genügend wird dem Hund zuerkannt, der nicht dem durch den Standard vorgeschriebenen Typ entspricht oder der nach dem für ihn geltenden Standard einen schweren bzw. disqualifizierenden Fehler hat.

Wer diese Bewertungen liest, der kann erkennen, welche hohen Ansprüche insbesondere an die Formwerte „vorzüglich" und „sehr gut" gestellt werden. Niemand sollte es daher als eine Katastrophe empfinden, wenn sein Hund bei einer Ausstellung kein „vorzüglich", sondern ein „sehr gut" bekommt: Dieses Prädikat darf nämlich nur einem „Klassehund" verliehen werden!

Die Ausstellungen sind heute die spektakulärste Säule des klubinternen kynologischen Lebens. Die andere, freilich im Interesse der Rasse mindestens ebenso wichtige Säule betrifft das Prüfungswesen. In diesem Bereich geht es nun nicht um hohe Meldezahlen, um große Zuschauerkulissen oder um publikumswirksam aufgezogene Veranstaltungen; hier geht es um harte Arbeit, die die Substanz der Rasse betrifft und die für ihre weitere Entwicklung von allergrößter Wichtigkeit ist.

Der „Jagdspaniel-Klub" legt daher auf die Durchführung und Pflege der Prüfungen alljährlich im Frühjahr und im Herbst großen Wert. In der Prüfungsordnung heißt es dazu grundsätzlich: „Zur Erhaltung und Förderung der jagdlichen Anlagen des Spaniels sowie zum Nachweis seiner vielseitigen Fähigkeiten als Gebrauchshund führt der Jagdspaniel-Klub e.V. folgende Prüfungen durch: 1. Anlageprüfungen, 2. Erweiterte Anlageprüfungen, 3. Gebrauchsprüfungen (einschließlich Siegerprüfungen), 4. Ergänzungsprüfungen" (zum Beispiel Verbandsschweißprüfungen).

Der Jagdspaniel im Revier

Schon dieser kurze Hinweis zeigt die Bedeutung, die der Spaniel (mit Ausnahme des American Cocker) als Jagdhund und als Jagdgebrauchshund unvermindert hat, und es ist die Frage, ob ein Spanielverein, der die jagdliche Seite gänzlich vernachlässigt, wirklich im Interesse der Rasse wirkt. Der „Jagdspaniel-Klub" pflegt dieses Erbe nach besten Kräften. Wenn auch die Zahl der Züchter, die sich dem Cocker Spaniel als Jagdhund besonders verpflichtet fühlen, geringer geworden ist, so bleibt doch das jagdlich orientierte Ziel, nämlich Spaniels zu züchten, bei denen zumindest der Nachweis der Anlagenqualität im Vordergrund steht. Zu diesen Anlagenqualitäten zählen in erster Linie neben der Nase der Spurlaut, Finderwille, Wasserfreude und Wesensfestigkeit.

Spaniels, deren Eltern ihre Anlagenqualitäten auf Prüfungen unter Beweis gestellt haben, erhalten

Apportierender English Springer Spaniel

grüne Ahnentafeln; sie enthalten den Vermerk „aus jagdlicher Anlagen-Zucht“. Spaniels, deren Eltern eine Gebrauchsprüfung bestanden haben, bekommen ebenfalls grüne Ahnentafeln mit dem Vermerk „aus jagdlicher Leistungszucht“.

Insgesamt ist auch der kleinere Cocker Spaniel von seiner Konstitution und von seinem Exterieur in der Lage, die im Jagdgesetz geforderten Arbeiten ohne Einschränkungen zu leisten. Kein Zweifel: Dies ist für den kleinen Jagdhund eine bemerkenswerte Leistung. Sie wird nur dadurch möglich, daß sich in diesem Typ die vom Standard geforderten „Essentials“ mit den genannten jagdlichen Anlagen paaren. Die Kombination ergibt diesen eifrigen Stöberhund, dessen besondere Qualitäten beispielsweise auf der laut gearbeiteten Hasenspur sichtbar werden. Deshalb gehört das Halten einer solchen Hasenspur über einige hundert Meter zu den Bedingungen für ein erfolgreiches Abschneiden auf einer Anlagen-Prüfung.

Die Qualitäten des Spaniels im Arbeitsteil „vor dem Schuß“, die sich auf seine Fähigkeiten und Eigenarten als Stöberhund beziehen, werden jedoch ergänzt durch seine Leistungen „nach dem Schuß“. Speziell der Cocker läßt sich in der Tat sehr gut auf der Schweißspur einarbeiten, er hat darüber hinaus einen ausgeprägten Apportiertrieb und einen anhaltenden Finderwillen. Er apportiert den Hasen ebenso wie die Ente aus dem Schilfwasser – beides Leistungen, die für einen Hund seines Kalibers sehr bemerkenswert sind.

Gerade diese geforderten Bringleistungen lassen immer wieder den Ruf nach dem kräftigen, durch die Gestalt schon leistungsfähigen Cocker laut werden. So ist es kein Geheimnis, daß viele jagdlich Führende ihren Cocker gern an der Grenze des vom Standard zugestandenen Größenlimits sähen, einfach aus der Vermutung heraus, daß ein größerer und kräftigerer Hund auch Besseres leisten könne. Diese Rechnung ist nicht ganz ungefährlich, denn sie könnte dazu führen, daß man aus dem völlig zu Recht und richtigerweise gepflegten jagdlichen Erbe des Cockers die verkehrten Schlüsse zöge. Der leistungsstarke Cocker in seinem vom Standard vorgegebenen Rahmen ist interessant, weil nur er das Zuchtziel sein kann.

Nur wenn der Standard strikt befolgt wird, dient man der Rasse und ihren Belangen wirklich. Kompromisse taugen nicht viel, und sie würden in diesem Punkt den eigenen guten Willen in Frage stellen.

Spaniels werden auf den Anlagen-Prüfungen auf Nase, Spurlaut, Spurwille und Spursicherheit auf der Hasenspur sowie auf Stöberanlage und Wasserfreude geprüft. Dazu kommt – besonders wichtig für die Zucht von Jagdhunden – die Feststellung der Schußfestigkeit. Erweist sich ein Spaniel als nicht schußfest, muß er aus der Zucht genommen werden. Bei den Erweiterten Anlagen-Prüfungen werden das Bringen des Kanins auf Schleppe, die Freiverlorensuche mit Bringen von Federwild und das Verlorensuchen bzw. Verlorenbringen aus der Deckung – neben den Fächern der Anlagenprüfung selbstverständlich – gefordert. Hier wie auf den Gebrauchsprüfungen wird dem Spaniel auch physisch alles abverlangt. Die Prüfung ist eine gewaltige Strapaze, und nur der Hund wird sie erfolgreich absolvieren, der von einem sachkundigen Führer organisch darauf hingearbeitet wurde.

Wer jemals gesehen hat, mit welcher Passion ein Spaniel im Revier arbeiten kann, der wird auch begreifen, warum die Klub-Verantwortlichen dieses jagdliche Erbe so sorgsam und zugleich kompromißlos pflegen. Natürlich ändern sich hin und wieder in bestimmten Zeiträumen etwa die Prüfungsordnungen, und natürlich macht man sich immer wieder auch Gedanken über jene jagdlich brauchbaren Spaniel-Rassen, die meistens keinen Spurlaut bringen, aber generell gilt doch, daß die jagdliche Seite des spurlauten Stöberhundes gleichsam puristisch behandelt wird.

So wird vom „Jagdspaniel-Klub" eine Anlagenbewertungsliste (ABL) geführt, in die alle Spaniels aufgenommen werden, die eine vom Klub veranstalteten Anlagenprüfung erfolgreich absolviert haben. In einer Anlage zur ABL werden diejenigen Spaniels erfaßt, die eine erweiterte Anlagen-Prüfung erfolgreich absolviert haben. Die Gebrauchshundeliste (GHL) enthält alle jene Spaniels, die auf Gebrauchsprüfungen ausgezeichnet wurden. Auch dazu gibt es eine Anlage für Spaniels mit bestandener Ergänzungsprüfung, z. B. Verbandsschweißprüfung.

Cocker Spaniels haben ihre jagdlichen Fähigkeiten in praktischer Arbeit immer wieder unter Beweis gestellt. Es gibt viele Jäger, die – wenn sie einmal mit einem guten Cocker gearbeitet haben – sich keinen anderen Hund vorstellen können. Dennoch muß die Sorge der Verantwortlichen darauf gerichtet sein, daß die hervorragenden Anlagen des Jagdhundes Cocker Spaniel nicht durch die Modeerscheinung Cocker irgendwann verkümmern. Solange es Züchter gibt, die sich passioniert der jagdlichen Zucht zuwenden, ist da wenig Gefahr. Noch ist die Basis groß genug und gut, auch wenn man nicht verkennen darf, daß die Gewichte zwischen jagdlicher Zucht und reiner Standardzucht ungleich verteilt sind.

Das liegt zweifellos auch daran, daß für die meisten Cocker-Interessenten das Jagdliche entweder gar keine Rolle spielt oder aber sogar unerwünscht ist. Das ist im Hinblick auf die Rasse und ihre speziellen Eigenschaften gewiß bedauerlich, aber es ist die Realität, vor der man nicht die Augen verschließen kann. So wird es die Aufgabe des „Jagdspaniel-Klubs" in der Zukunft in ganz besonderer Weise sein, beide Interessenrichtungen gewissermaßen miteinander zu versöhnen.

Nicht das Gegeneinander, sondern allein das Miteinander bietet die Chance, etwas konkret im Interesse und zum Vorteil der Rasse tun zu können. Ausstellung und Prüfung als die beiden Säulen des Klubwesens sollten letzten Endes ein sinnvolles Konzept im Interesse des Spaniels bilden.

Spaniel-Zucht – ja oder nein?

Irgendwann im Laufe des Lebens einer Spaniel-Hündin wird sich die Frage stellen, ob es einmal Nachwuchs geben soll. Immer wieder weisen Experten darauf hin, daß zumindest ein „Gesundheits-Wurf" der Hündin guttue; andere Fachleute bezeichnen dies wiederum als reinen Unsinn.

Wie auch immer: Für den Besitzer einer Hündin wird sich also das Problem der Nachkommenschaft stellen.

Wer sich allerdings so entscheidet, der sollte verschiedene Dinge vorweg ganz eindeutig geklärt haben: Zum Beispiel, ob der notwendige Platz vorhanden ist, ob die Welpen auch Auslauf ins Freie haben werden oder ob sie bis zu ihrem Verkauf Stubenhunde bleiben müssen, nicht zuletzt aber auch, ob für die Aufzucht die notwendige Zeit vorhanden sein wird. Wenn alle diese Fragen positiv beantwortet worden sind und man immer noch der Meinung ist, man müsse „einen Wurf wagen", dann sollte man mit dem nötigen Ernst und vor allem mit der gebotenen Sorgfalt an alles herangehen. Kein Anfänger sollte ins Blaue hinein züchten, nach dem Motto „ich schaffe das schon, es wird schon nichts passieren". Es kann eine ganze Menge passieren, und es kann durchaus auch geschehen, daß die Hündin eine schwierige Geburt nicht überlebt.

Deshalb sollte man sich für den Fall von Komplikationen bereits vorher der schnellen Hilfe eines Tierarztes versichert haben. Auch kann es nicht verkehrt sein, sich bei einem der Zuchtwarte des Klubs vorher informiert zu haben. Was erfahrene Züchter natürlich seit Jahren wissen und wo es bei ihnen überhaupt kein Nachdenken mehr gibt, das kann der Anfänger durchaus noch falsch machen und dadurch z. T. irreparable Schäden verursachen.

Für den Besitzer einer Hündin ist es prinzipiell wichtig zu wissen, daß die erste Hitze in aller Regel zwischen dem 8. und 10. Monat eintritt. Die Hitze, auch Läufigkeit genannt, verliert bald ihren Schrecken, wenn man erst einmal gemerkt hat, daß alles gar nicht so kompliziert oder schrecklich ist.

Es gibt heute eine ganze Reihe von hygienischen Mitteln, die die Hündin und ihre Besitzer vor mancherlei früher üblichen Belästigungen weitgehend sicher sein lassen.

Mutterglück

Wenn die Hündin zu färben beginnt, ziehen wir ihr ein Höschen mit einer Tempo-Tuch-Einlage an. Sie wird sich sehr schnell daran gewöhnen und wird dieses Höschen in der Zeit ihrer Hitze sogar immer wieder verlangen.

Das zweite Stadium der Hitze ist die eigentliche Hochbrunst. Es ist dies die Zeit, in der die Hündin „steht“ und sich vom Rüden belegen läßt. Diese Phase dauert meistens etwa fünf Tage. Als ganz besonders günstig zum Decken werden der 11. bis 13. Tag angesehen.

Die dritte Hitze-Phase schließlich bedeutet das Abklingen der Brunst. Insgesamt kann man rechnen, daß die Hündin gut drei bis vier Wochen mit ihrer Hitze zu tun hat, wobei die „gefährlichen“ Tage in der Mitte liegen und meistens sehr genau eingegrenzt werden können.

In diesem Buch geht es nicht um Zuchtanleitungen oder um Ratschläge für einen neubeginnenden Züchter.

Wer hierüber Auskünfte und Informationen benötigt, der sollte sich unter allen Umständen an die Kontaktstellen der Vereine wenden. Dort wird man immer gern bereit sein, die gewünschten Auskünfte zu geben. Dringend gewarnt sei noch einmal vor der „selfmade"-Methode: Sie hat auf diesem Gebiet kaum Sinn und bringt allenfalls Kummer und Verdruß.

Der bekannte Schweizer Kynologe Hans Räber hat sicher recht, wenn er allen angehenden und willigen Züchtern die folgenden Sätze ins Stammbuch schreibt: „So wenig je ein Meister vom Himmel gefallen ist, so wenig wird jemals ein perfekter Hundezüchter vom Himmel fallen. Den Willen haben zu lernen, immer wieder zu lernen, das ist eine der wichtigsten Voraussetzungen zum späteren Züchter von Format. Es gibt freilich solche, die wissen nach einem oder zwei glücklich aufgezogenen Würfen schon alles und geizen nicht mit ihren guten Ratschlägen. Der echte Züchter muß aber auch nach dem zehnten Wurf seine Ansichten und Meinungen noch revidieren können, wenn sie sich als falsch erweisen sollten. Er muß mit andern ins Gespräch kommen können und sich deren Erfahrungen nutzbar machen; er muß einschlägige Literatur studieren, und er muß seine Hunde immer wieder mit denjenigen der anderen unvoreingenommen vergleichen."

Ein guter und erfolgreicher Züchter muß gewissermaßen künstlerische Fähigkeiten haben. Der gute Wille allein und die Liebe zum Spaniel reichen nicht aus – sie sind allenfalls die Voraussetzung.

Kostenloser Welpen-Service von Pedigree® Pal®

Haben Sie einen Welpen?

Als frischgebackener Hundebesitzer hat man viele Fragen: Wie wird mein Hund stubenrein? Wie lernt er, an der Leine zu gehen? Wie erziehe ich ihn? Was sollte er fressen? Und vieles mehr. Pedigree® Pal® bietet jedem Welpenbesitzer einen kostenlosen Informations-Service, der Sie während des ersten Lebensjahres Ihres Hundes begleitet. So erhalten Sie bis zu fünfmal immer genau die Informationen über Verhalten, Erziehung und Ernährung, die Sie entsprechend dem Lebensalter Ihres Hundes gerade brauchen. Dazu gibt es viele Tips und Wissenswertes aus der Welt junger Hunde – und machmal eine kleine Überraschung! Wenn Sie an diesem Service Interesse haben, schreiben Sie einfach an Pedigree® Pal®, wann genau Ihr Hund geboren ist. Die Anschrift lautet:

Pedigree® Pal®,
Postfach 1260,
22859 Hamburg.
Oder rufen Sie an:
01805/33 45 45 (Mo–Fr, 9–18 Uhr, 0,48 DM/Minute)

Ernährung

Der Hund braucht mehr als Fleisch

Leben ist Bewegung. Leben ist Wachstum. Leben ist Stoffwechsel. Damit Lebensvorgänge ablaufen können, muß sich das Lebewesen ernähren. Der Zweck der Ernährung ist es, dem Körper Nährstoffe zuzuführen. Diese dienen der Bewegung, indem sie Energie liefern, dienen dem Wachstum, indem sie die Baustoffe darstellen, dienen dem Stoffwechsel, indem sie verbrauchte Substanzen ersetzen. Nährstoffe befinden sich in der Nahrung. Tiere sind von organischen Stoffen abhängig. Diese gehen sämtlich auf Stoffwechselprodukte der Pflanzen zurück.

Der Hund als Nachfahre des Wolfes steht am Ende der Nahrungskette. Er verwertet nicht die Pflanze selbst, sondern pflanzenfressende Tiere. Die wildlebenden Ahnen unseres Hundes verzehrten ihre

Field Spaniel

Beute meist vollständig. Von daher geht der Begriff „Fleischfresser“ am Kern vorbei. Denn nicht nur Muskelfleisch, sondern ebenso die Knochen, Sehnen, das Fell und natürlich die Innereien samt dem pflanzlichen Inhalt wurden verschlungen. Treffender ist also die Bezeichnung „Beutetierfresser“.

- Der Hund steht am Ende der Nahrungskette.
- Der Hund benötigt neben Fleisch auch Fett, Mineralstoffe, Vitamine und pflanzliche Materialien.
- Der Hund ist ein Beutetierfresser.

Das Verdauungssystem spaltet die Nahrung auf

Dem Wolf wie auch seinem Nachfahren Hund sind eine Reihe spezialisierter Organe eigen, mit denen er seine Nahrung beschaffen, zerkleinern und verwerten kann. Die Zähne dienen dem Ergreifen und Zerteilen der Beute. Mit Hilfe des Speichels gleitfähiger gemacht, gelangt die Nahrung durch die sehr dehnbare Speiseröhre in den Magen. Hier erfolgt eine erste Aufspaltung der einzelnen Bestandteile. Dieser Vorgang wird im Dünndarm fortge-

Black-and-Tan-Gruppe

setzt. Unverzichtbare Hilfe leisten dabei Verdauungsenzyme, die in der Bauchspeicheldrüse gebildet werden. Ihre Aufgabe ist die biochemische Zerkleinerung der Nährstoffe bis auf die Grundbausteine. Nur so zerlegt ist die Nahrung letztendlich verwertbar. Die Nährstoffe werden dann von der Darmschleimhaut aufgenommen und mit Hilfe des Blutkreislaufs in jede noch so entlegene Zelle des Körpers transportiert. Dort erst erfüllen sie ihre eigentliche Funktion. Im Muskel beispielsweise wird die biochemische Energie bestimmter Nährstoffe in Bewegungsenergie umgewandelt, im Knochen dienen andere Nährstoffe als Bausteine den Wachstumsvorgängen. Unverwertbare Bestandteile der Nahrung gelangen in den Dickdarm und werden wieder ausgeschieden.

- Die Nahrung muß aufgespalten werden, um verwertbar zu sein.
- Die Aufspaltung erfolgt hauptsächlich im Darm.
- Die Nährstoffe werden mit dem Blutkreislauf aus dem Darm in alle Körperzellen transportiert.

Hohe Energieausbeute nur bei hochverdaulicher Nahrung

Ob unser Spaniel läuft, springt, mit dem Schwanz wedelt oder vielleicht nur daliegt und Herrchen oder Frauchen beim Lesen zuschaut – jeder dieser Vorgänge braucht Energie, sie ist die treibende Kraft aller Lebensvorgänge. Unser Hund bezieht sie aus seinem Futter. In biochemischer Form gespeichert, gelangt Energie in den Körper und wird dort in die unterschiedlichsten Lebensäußerungen umgewandelt. Bei diesen Umwandlungsprozessen gibt es Verluste. Über Kot und Harn werden Stoffe ausgeschieden, die noch Energie speichern. Auch Wärmeverluste schmälern die Energieausbeute für den Organismus. Dennoch hat das Energieumwandlungssystem „Hund" einen höheren Wirkungsgrad als jedes vom Menschen ersonnene. Eines liegt jedoch auf der Hand: Je höher die Verdaulichkeit der Nahrung ist, desto geringer sind die Energieverluste für den Hund.

- Ohne Energie gibt es kein Leben.
- Die Energie ist in der Nahrung.
- Je höher die Nahrung verdaulich ist, desto besser wird sie verwertet.

Eiweiße sind Baustoff, Energieträger und Wirkstoff zugleich

Jeder Hund benötigt über fünfzig verschiedene Nährstoffe, und zwar Tag für Tag, ein Leben lang. Man kann diese der besseren Übersichtlichkeit halber in Hauptnährstoffgruppen zusammenfassen. Eine wesentliche dieser Gruppen wird von den Eiweißen oder Proteinen gebildet. Sie stellen wichtige Körperbausteine dar. Nur eine einzige Körpersubstanz überhaupt enthält keine Eiweiße als Baustein, und das ist der Zahnschmelz. Alle anderen Gewebe, ob nun Muskel, Nerven, Haut oder innere Organe, bestehen in irgendeiner Form aus Eiweißen. Sogar der Knochen enthält nicht nur Mineralstoffe, sondern eben auch Gerüstproteine. Darüber hinaus werden wichtige Wirkstoffe wie Enzyme und Hormone durch Eiweiße aufgebaut. Außerdem sind Eiweiße eine Energiequelle für Hunde. Die Energieausbeute beim Abbau der Eiweiße ist jedoch nicht besonders hoch. In dieser Hinsicht ist die Nutzung von Fetten effizienter. Fette sind die für den Hund günstigste Energiequelle. Die Ausbeute bei ihrem biochemischen Abbau ist um etwa ein Drittel höher als bei Eiweißen. Fette sind jedoch nicht nur Energielieferanten. Sie stellen auch wichtige Bausteine für Zellmembranen dar und sind unverzichtbarer Bestandteil von bestimmten Hormonen und Vitaminen. Kohlenhydrate kommen in der Natur in großen Mengen in Pflanzen vor. Das Verdauungssystem des Hundes kann diese nur in erhitzter Form spalten. Dann stellen einige Kohlenhydrate jedoch gute Energielieferanten dar. Weiterhin dienen Kohlenhydrate als Ballaststoffe. In dieser Funktion regen sie die Darmbewegung an und sind so für die Passage der Nahrung durch den Darm unerläßlich. Ebenso wichtige, jedoch grundsätzlich andere Aufgaben erfüllen die Mineralstoffe. Die bekanntesten unter ihnen, Kalzium und Phosphor, bilden die Hauptbestandteile der Knochen. Sie fungieren also als Baustoff. Andere Mineralstoffe werden im Stoffwechsel von Substanzen benötigt, welche Steuer- und Regelungsmechanismen bedienen. So gibt es eine Reihe von Enzymen und Hormonen, die ohne die Anwesenheit bestimmter Mineralstoffe wirkungslos blieben. Weiterhin laufen so wichtige Vorgänge wie Blutgerinnung, Muskelkontraktionen oder die Erregungsleitung in Nerven nur ab, wenn die dazugehörigen Mineralstoffe dem Körper über die Nahrung zugeführt werden. Die Gruppe der Mineralstoffe kann man noch einmal unterteilen in Mengenelemente (von diesen wird ein bedeutendes Quantum täglich benötigt) und Spurenelemente (hiervon reichen oft schon ganz geringe Mengen im Mikrogrammbereich aus). Schließlich müssen noch die Vitamine in der Nahrung sein, von denen es fettlösliche und wasserlösliche gibt. Vitamine haben lebenswichtige Steuerfunktio-

Junger Welsh Springer Spaniel

nen, dienen dem Sehvermögen, der Krankheitsabwehr oder dem Energiestoffwechsel.

- Eiweiße sind Baustoff, Energieträger und Wirkstoff zugleich.
- Fette sind die günstigste Energiequelle.
- Mineralstoffe bauen das Skelett auf und steuern lebenswichtige Vorgänge im Stoffwechsel
- Vitamine regeln unverzichtbare Lebensprozesse.

Wachsende Hunde benötigen spezielle Nahrung

Die moderne Tiermedizin hat die Besonderheiten des Hundestoffwechsels genau untersucht. So besteht heute die Möglichkeit, nicht allein den Energiebedarf eines heranwachsenden Hundes genau anzugeben, sondern auch seinen Bedarf an Kohlenhydraten, Eiweißen und Fetten sowie Mineralstoffen und Vitaminen. Dies ist entscheidend, wenn man das Ziel hat, durch eine artgerechte Bilanzierung von Nahrungsbestandteilen eine gesunde Hundeentwicklung zu fördern.

Ein gutes Beispiel dafür ist der Bewegungsapparat. Mit Hilfe von Messungen der Wachstumsgeschwindigkeit der Knochen, Röntgenaufnahmen des Bewegungsapparates, Bestimmungen der Knochendichte, Vergleich von vielen hundert gesund aufgewachsenen Hunden und weiteren Untersuchungsverfahren ist der Bedarf an Kalzium und Phosphor genau festgestellt worden. Aufgrund dieser Zahlen sind wissenschaftlich exakte Empfehlungen für die Versorgung mit diesen Mengenelementen möglich – und zwar für jeden Monat im Leben eines wachsenden Hundes.

Wegen des hohen Bedarfs der Welpen an knochenaufbauenden Mineralstoffen liegt der Kalzium- und Phosphorbedarf in den ersten beiden Lebensmonaten rund viermal höher als beim erwachsenen Hund. Mit zunehmender Mineralisierung der Knochen nimmt er im Laufe des Wachstums stetig ab.

Um ein gleichmäßiges Knochenwachstum und eine gesunde Skelettentwicklung zu erreichen, kann die Versorgung mit Kalzium und Phosphor eigentlich nur durch eine ausgewogene, altersangepaßte Vollnahrung problemlos gewährleistet werden.

Eine Selbstherstellung von Hundenahrung ist wegen der möglichen Unter- oder Überversorgung mit lebenswichtigen Nährstoffen insbesondere bei Welpen sehr kritisch. So ist in „Eigenmischungen“ daheim am Küchentisch das Kalzium/Phosphor-Verhältnis meist nicht korrekt ausbilanziert.

Ein Clumber Spaniel und zwei Field Spaniels

Die Wachstumsrate junger Hunde und die Unterschiede zwischen einzelnen Hunden werden übrigens nicht allein durch Erbanlagen bestimmt. Auch äußere Faktoren wie Ernährung, Klima oder Krankheiten sind wichtig. Eine optimale Gestaltung der äußeren Einflußfaktoren kann das Wachstum im positiven Sinne beeinflussen – also eine artgerechte, angemessene Ernährung, gute Haltungsbedingungen und eine vernünftige Krankheitsverhütung, zum Beispiel durch Impfungen. Da es bei jedem Hund Unterschiede der äußeren Bedingungen gibt, variiert die Gewichtsentwicklung von Individuum zu Individuum ein wenig. Das bedeutet, daß es immer Abweichungen des altersentsprechenden Körpergewichtes von den wissenschaftlich ermittelten Durchschnittswerten gibt. Diese Unterschiede sind aber nicht nur von wissenschaftlichem Wert. In der Praxis ergeben sich aus den natürlichen Differenzen bei der Wachstumsgeschwindigkeit Unterschiede beim Bedarf der wachsenden Hunde an Energie, Eiweißen und insbesondere auch Mineralstoffen. Dies muß bei der Ernährung von Welpen und Junghunden bedacht und einkalkuliert werden.

Das Verdauungssystem und der Stoffwechsel von Welpen weisen eine Reihe von Besonderheiten auf. Der Magen ist noch relativ klein, so daß nur eine begrenzte Menge Nahrung aufgenommen werden kann. Diese eingeschränkte Speicherfunktion des Magens macht eine häufige Nahrungsaufnahme notwendig.

Einige Körpergewebe beziehungsweise Organsysteme sind während der ersten Lebensmonate ganz besonders auf eine richtig zusammengesetzte Nahrung angewiesen, um sich so entwickeln zu können, wie es die Natur vorgesehen hat. Hierzu gehören Bewegungsapparat, Abwehrsystem, Fortpflanzungssystem, Haut und Fell sowie Lunge und Atemwege. Anders als das Herz-Kreislauf-System des jungen Hundes, das sich schon im Mutterleib fast vollständig entwickelt hat, reift beispielsweise der Bewegungsapparat erst später aus. So sind nach der Geburt zwar sämtliche Knochen beim Welpen angelegt und vorhanden, bestehen aber überwiegend noch aus Knorpel, also einem Gewebetyp, der zwar sehr elastisch ist, jedoch nur eine geringe Festigkeit hat. Dieses bindegewebige Gerüst wandelt der Organismus nach und nach zum tragfähigen Knochen um, indem er Mineralstoffe – vor allem Kalzium und Phosphor – einlagert. So entwickelt der Junghund im Laufe vieler Monate die biologisch notwendige Festigkeit seiner Knochen. Solange bleibt den noch nicht voll mineralisierten Knochen die Möglichkeit, weiter zu wachsen. Erst gegen Ende der Wachstumsperiode des Hundes verschließen sich die Wachstumsfugen der Knochen, die bis dahin ein Längenwachstum ermöglicht haben. Im gesamten Zeitraum der Knochenbildung muß also die Zusammensetzung der Nahrung optimal auf die Bedürfnisse des Knochenwachstums eingestellt sein.

Junge Hunde haben keinen Schutzmechanismus vor überhöhter Kalziumzufuhr mit der Nahrung wie erwachsene Tiere.

Unter dem Einfluß von Hormonen wird ein eventueller Kalziumüberschuß überwiegend in den Knochen eingelagert, was im Endeffekt zu einer gesteigerten und gleichzeitig gestörten Verknöcherung führt. Die daraus resultierenden Skelettdeformierungen und Bewegungseinschränkungen sind im späteren Lebensalter nicht wiedergutzumachen. Die Empfehlung, Junghunden eine Kalziumergänzung – selbst bei Verwendung einer vollständigen und richtig bilanzierten Vollnahrung – zukommen zu lassen, ist wissenschaftlich nicht haltbar. Wegen der möglichen Gefahren ist die Gabe von kalziumreichen Nahrungsadditiven deswegen zu vermeiden.

ALTERNATIVE MÖGLICHKEITEN
EINER AUSGEWOGENEN ERNÄHRUNG

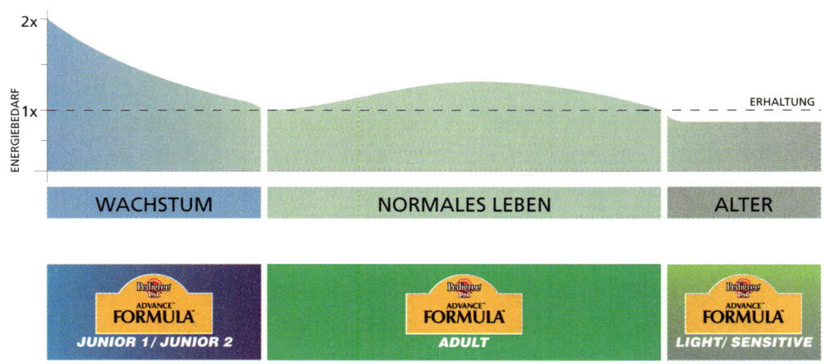

WALTHAM ERNÄHRUNGSBERATUNG

- Wachsende Hund haben einen höheren Energiebedarf.
- Das heranwachsende Skelett braucht mehr als doppelt so viele Mineralstoffe.
- Spezielle Welpennahrung deckt alle Bedürfnisse ab.

Fertignahrung ist hochwertig, sicher und bequem

Wie wir gesehen haben, benötigen Hunde sehr viele verschiedene Nährstoffe. Diese müssen nicht nur in der optimalen Menge, sondern auch im richtigen Verhältnis zueinander in der Nahrung sein. Hinzu kommen besondere Lebenssituationen wie Wachstum, Phasen hoher körperlicher Belastung, Trächtigkeit oder Alter. Jede dieser Situationen bringt veränderte Nährstoffansprüche mit sich. Verdaulichkeit und Schmackhaftigkeit des Futters sollen auch gewährleistet sein, damit der Hund den Napf leert. Wollten wir unserem Hund selbst die tägliche Nahrung bereiten, hätten wir das alles zu beachten. Wir müßten den Gehalt der Ausgangsmaterialien an Eiweißen, Fetten, Mineralstoffen und Vitaminen genau kennen. Wer jedoch mißt die Menge essentieller Aminosäuren oder den Vitamingehalt eines Stückes Fleisch? Wieviel Kalzium ist denn nun in der Messerspitze Futterkalk enthalten? Und was ist mit der Zeit, die wir für die tägliche Futterration unseres vierbeinigen Freundes benötigen würden?

Am sichersten ist die Verwendung qualitativ hochwertiger Fertignahrung, wie sie von verantwortungsbewußten, erfolgreichen Züchtern empfohlen wird. Alle Nährstoffe sind in richtiger Menge und optimalem Verhältnis enthalten. Man kann genau portionieren, die Fütterung ist sauber, schnell und bequem. Das deutsche Futtermittelrecht regelt die Zusammensetzung streng und genau. Es dürfen nur einwandfreie Rohmaterialien von gesunden Tieren und Pflanzen verwendet werden. Fertignahrung ist also der beste und sicherste Weg, unseren Hund richtig und gesund zu ernähren. Und schmecken wird es ihm ganz gewiß.

- Futterselbstzubereitung ist kompliziert, zeitraubend und erfordert Spezialkenntnisse.
- Fertignahrung ist sicher, hat hohe Qualität und erfüllt alle Nährstoffansprüche des Hundes.

Wichtige Tips zur Fütterung Ihres Hundes

Die Spaniels sind – je nach Rasse – in ihrer Größe und Erscheinungsform sehr unterschiedlich. Daher sind auch die Rationen bei der Fütterung, und zwar beim jungen wie beim erwachsenen Hund, entsprechend unterschiedlich anzusetzen.

Ferner muß berücksichtigt werden, ob sich der Spaniel z. B. im Jagdeinsatz befindet, ob anderweitig mit ihm gearbeitet wird oder ob sich seine tägliche Bewegung in Spaziergängen erschöpft.

Generell gilt:

1. Bei der Verwendung von Fertignahrungsmitteln, die als „Alleinfutter" deklariert sind, erhält Ihr Hund alle lebensnotwendigen Nährstoffe in ausgewogener Zusammensetzung für ein langes, gesundes Hundeleben.
2. Ein Welpe braucht zu Beginn seines Lebens etwa doppelt so viele Nährstoffe und Energie wie ein ausgewachsener Hund, deshalb füttern Sie in der Wachstumsphase ein Fertigfutter, welches für wachsende Hunde bestimmt ist.
3. Verwenden Sie als Milchersatz für Saugwelpen nur spezielle Welpenmilchprodukte, Kuhmilch ist auf keinen Fall zu empfehlen, da sie nicht eiweiß- und fettreich genug ist und zu Durchfällen führen kann.
4. Achten Sie darauf, Futterumstellungen langsam und schrittweise über 5 Tage durchzuführen, so daß sich der Verdauungstrakt des Hundes an die neue Nahrung gewöhnen kann.
5. Füttern Sie stets zur gleichen Zeit und möglichst am gleichen Ort, weder zu heiß noch zu kalt (nicht direkt aus dem Kühlschrank).
6. Bieten Sie ihrem Hund nur die Futtermenge an, die er auch auffrißt, keine Futterreste stehen lassen.
7. Frisches Wasser zum Trinken sollte Ihr Hund stets zur Verfügung haben.
8. Füttern Sie Fleisch bitte nur im abgekochten Zustand, bei der Fütterung von rohem Fleisch besteht Infektionsgefahr.
9. Bei der Verwendung eines hochwertigen Fertigfutters brauchen Sie keinerlei Zusatzstoffe oder Ergänzungsfuttermittel zusätzlich zu füttern.
10. Bei älteren Hunden ist die Futtermenge in 2–3 Mahlzeiten aufzuteilen. Die verwendeten Eiweiße müssen hochwertig und hochverdaulich sein.

Gesundheit

Vorbeugen ist besser als Heilen

Artgerechte Haltung, Pflege und Ernährung sind Voraussetzungen für die Gesundheit. Das seelische Wohlbefinden des Hundes ist so wichtig wie das körperliche. Der gesunde Hund nimmt aufmerksam und lebhaft Anteil an seiner Umgebung. Er ist kräftig und ausdauernd. In der Ruhe atmet er 10- bis 20mal, das Herz schlägt 70- bis 100mal in der Minute. Die Körpertemperatur liegt um 38,5 °C. Gesundheit ist nicht nur „Freisein von Krankheiten", sie schließt auch Widerstandskraft gegen Infektionen ein.

Das **Haarkleid** schützt nicht nur gegen Wind und Wetter. Ein glattes, glänzendes, dicht anliegendes Deckhaar ist auch Zeichen von Gesundheit. Darunter wärmt ein dichtes, wolliges Unterhaar. Der Spaniel soll täglich mit einer Spezialbürste gestriegelt werden. Ein Kamm mit zu eng stehenden, scharfen Zinken wird nicht benutzt. Damit könnten auch gesunde Haare ausgerissen und kleinste Hautverletzungen verursacht werden. Besonders wichtig ist das Bürsten während des Haarwechsels im Frühjahr und zum Winteranfang. Dann geht die Unterwolle manchmal in dichten Büscheln aus.

Verschiedenfarbig und doch aus einem Wurf

Durch Baden kann der schützende Säuremantel der Haut zerstört und das Haar entfettet werden. Der Spaniel wird deswegen nur ausnahmsweise gebadet, zum Beispiel wenn er sich nach Hundeart in Aas oder Kot gewälzt hat. Dann wird er lauwarm geduscht und mit Hundeshampoo oder mildem Haarwaschmittel, nie jedoch mit Seife oder Spülmittel gewaschen. Nach gründlichem Ausspülen wird das Fell trockengerieben. An einem warmen, zugfreien Ort muß das Fell trocknen, ehe der Hund wieder hinaus darf.

Etwas ganz anderes ist das Baden in freier Natur. Spaniel sind gute und häufig begeisterte Schwimmer. An heißen Sommertagen sei ihnen eine Erfrischung gegönnt. Die natürlichen Schutzeinrichtungen von Haut und Haar werden sie vor Erkältungen bewahren.

Stumpfes Haar, ständiger Haarausfall und starker Geruch deuten auf innere Erkrankungen hin. Die Haut soll frei von Schuppen und Rötungen sein, kein Juckreiz soll den Hund plagen.

Flöhe, Läuse und Haarlinge kann auch der gepflegteste Hund von einer Hundebegegnung mitbringen. Bei Juckreiz wird als erstes die Haut auf Flohstiche – bis zu linsengroße, geschwollene Rötungen – und das Fell auf Parasitenkot – kleine schwarze Pünktchen abgesucht. Lieblingssitze der ungebetenen Gäste sind die Innenflächen der Hinterbeine, die Achselhöhlen und die Ohrmuscheln. Bei leichtem Befall genügt ein Flohpuder oder -spray. Wirksamer sind Waschlösungen, die das Fell bis auf die Haut benetzen, oder verschreibungspflichtige Mittel, die auf die Haut getropft werden und bis zu vier Wochen wirken. Das Ablecken solcher Mittel muß aber unbedingt verhindert werden. „Anti-Floh-Halsbänder" geben bis zu vier Monaten gas- oder puderförmige Wirkstoffe ab. In Hundehütten können bei einigen Halsbändern Giftgaskonzentrationen auftreten, die auch für den Hund bedenklich sind. Manche Halsbänder verlieren zudem durch Nässe an Wirksamkeit. Bei Flohbefall muß immer das Lager des Hundes mitbehandelt werden. Moderne Spezialmittel töten dabei nicht nur „erwachsene" Flöhe, sondern stoppen auch die weitere Entwicklung der Flohlarven. Hundedecken werden am besten ausgekocht, Teppiche regelmäßig gesaugt und Stroh in der Hütte gewechselt.

Zecken lassen sich aus dem Gebüsch auf den Hund fallen, beißen sich in der Haut fest und saugen sich mit Blut voll. Sie sehen dann wie prallgefüllte graubraune bis zu kirschkerngroße Säckchen aus. Zecken haben seit einigen Jahren auch in Mitteleuropa zunehmend

Bedeutung als Überträger von Krankheiten erlangt. Je länger sie saugen, desto größer ist in bestimmten verseuchten Gegenden die Gefahr, daß eine für Hunde gefährliche Infektionskrankheit, die Borreliose, übertragen wird. Deshalb sollten Zecken so rasch wie möglich entfernt werden. Sie dürfen aber nicht einfach ausgerissen werden, weil dabei die Beißwerkzeuge in der Haut steckenbleiben und Entzündungen verursachen können. Am besten erfaßt man die Zecke mit einer Spezialpinzette und hebelt sie drehend aus der Haut heraus. Weniger empfehlenswert ist die früher gebräuchliche Methode, die Zecke mit Alkohol, Insektenspray oder in Öl eingehüllt zu betäuben und nach etwa einer halben Stunde herauszudrehen, falls sie inzwischen nicht von selbst abgefallen ist; auf Grund der Betäubung sondert sie nämlich Speichel ab und könnte damit die Krankheitserreger übertragen. Inzwischen gibt es, allerdings nur beim Tierarzt, ein Anti-Zecken- und -Flohhalsband, das den Befall mit Zecken weitgehend und das Blutsaugen sicher verhindert.

Die Ohren sollten alle vier Wochen gereinigt werden. Mit Wattestäbchen kann man das Trommelfell zwar kaum verletzen, das Ohrenschmalz aber in der Tiefe zusammenstopfen. Besser ist ein alkoholischer Ohrreiniger, der randvoll ins Ohr eingegossen und bei zugedrückter Ohrmuschel durchmassiert wird. Das gelöste Ohrenschmalz kann der Hund dann selbst ausschütteln, vorzugsweise im Freien. Dunkle, übelriechende Beläge im Ohr zeigen eine Entzündung an. Meist wird sich der Hund dann auch am Ohr oder – scheinbar – am Halsband kratzen und den Kopf schütteln. Ursache des „Ohrenzwanges" können Ohrmilben, Grasgrannen oder andere Fremdkörper sowie Bakterien und Pilze sein. Wenn zwei- bis dreimalige gründliche Reinigung mit dem Ohrreiniger keine Besserung bringt, ist eine gezielte Behandlung erforderlich.

Die Augen werden mit einem Stückchen Mullbinde oder einem Taschentuch vom „Schlaf" gereinigt. Fusseln von Watte oder Papiertaschentüchern reizen die Schleimhäute. Bindehautentzündungen können auch durch Zugluft, Staub oder starke Sonne verursacht werden. Besonders anfällig sind Hunde, deren Augenlider am Augapfel nicht eng anliegen. Zur Linderung werden Augentropfen in den heruntergezogenen Bindehautsack geträufelt. Borwasser wird heute nicht mehr verwendet, weil feine Kristalle als Fremdkörper wirken können. Länger andauernder wäßriger, schleimiger oder eitriger Augenausfluß sollte nicht mit Hausmitteln kuriert werden. Es könnte eine Infektion vor-

Mehrfarbiger American Cocker

liegen. Wucherungen auf der Rückseite der Nickhaut müssen meist operativ behandelt werden.

Die Zähne werden durch Hundekuchen oder Knochen ausreichend gereinigt. Auch die Tortur des Zähneputzens kann Zahnstein nicht verhindern. Zur Entfernung weicher Beläge eignet sich am ehesten ein Wattebausch, getränkt mit dreiprozentiger Wasserstoffsuperoxydlösung. Zahnstein ist ein fest anhaftender brauner Belag aus verhärteten Salzen. Fauliger Mundgeruch durch Zahnfleischentzündungen und -vereiterungen sowie Zahnausfall sind die Folgen. Zahnstein sollte frühzeitig fachkundig entfernt werden. Lose Zähne müssen gezogen werden. Der Hund kann auf schmerzende Zähne gut verzichten. Nach Entfernung der Eiterherde wird er sich auch allgemein wohler fühlen, denn sie können den Körper vergiften und zum Beispiel chronische Herzklappenentzündungen auslösen. Auch Milchhakenzähne, die beim Zahnwechsel nicht ausfallen, müssen gezogen werden. Sie können zu Stellungsfehlern im bleibenden Gebiß führen.

Die Analbeutel sollen eigentlich bei jedem Kotabsatz eine individuelle Duftmarke zur Revierkennzeichnung hinterlassen. Infolge der Domestikation funktioniert die Entleerung häufig nicht richtig. Sekretstauungen sind die Folge. Den Juckreiz versucht der Hund vergeblich durch Rutschen auf dem After zu beseitigen. Dieses „Schlittenfahren" ist entgegen landläufiger Vermutung fast nie auf Wurmbefall zurückzuführen. Stark gefüllte Analbeutel müssen fachkundig ausgedrückt, vereiterte müssen tierärztlich behandelt werden.

Die Krallen werden bei regelmäßiger Bewegung auf festem Untergrund ausreichend abgelaufen. Nur bei krankhaftem Hornwachstum oder Stellungsfehlern müssen sie geschnitten werden. Dabei darf die in der Kralle verlaufende Ader nicht verletzt werden. „Wolfskrallen", Überbleibsel der an sich verkümmerten fünften Zehe an den Hinterläufen, können bei Verletzungen stark bluten. Sie sollten amputiert werden. Das geschieht üblicherweise schon bei neugeborenen Welpen.

Erste Hilfe tut not

Hautverletzungen müssen genau inspiziert werden. Oberflächliche Abschürfungen und Schrunden können mit Hausmitteln behandelt werden. Auf jeden Fall werden im Bereich der Verletzungen die Haare mit einer gebogenen Schere kurz abgeschnitten. Sie verkleben sonst mit dem Wundsekret; Vereiterung ist die Folge. Die Wunde wird mit Wundgel, -spray oder -tinktur behandelt. Fetthaltige Salben behindern den heilungsfördernden Luftzutritt, Puder verkrustet.

Bei tieferen Wunden mit Durchtrennung der Haut sollte umgehend ein Tierarzt hinzugezogen werden. Bei Beißereien und Stacheldrahtverletzungen wird die Haut oft vom Körper losgerissen, so daß tiefe Taschen entstehen. Haare und Schmutz in der Tiefe der Wunden müssen, soweit möglich, entfernt werden. Von Fall zu Fall ist zu prüfen, ob eine „offene Wundbehandlung" oder eine Naht besser ist. Nur frische Wunden können mit Aussicht auf komplikationslose Heilung genäht werden.

Eine offene, aus der Tiefe nässende oder eiternde Wunde darf der Hund belecken. In allen anderen Fällen wird die Wundheilung behindert, weil die zarten Heilungszellen am Wundrand gestört werden. Das Belecken von Wunden und das Abreißen von Verbänden können durch einen Halskragen verhindert werden. Aus einem passenden Plastikeimer wird der Boden herausgeschnitten. Die Schnittkanten werden abgepolstert, an vier Stellen durchlöchert und mit Bindfäden versehen, die am Lederhalsband festgebunden werden. Einfacher, aber teurer sind fertige Halskragen vom Tierarzt.

Wundstarrkrampf ist beim Hund selten. Impfungen sind daher nicht üblich. Zur Vorbeuge sollen Wunden ausbluten und nicht luftdicht abgedeckt werden. Wenn größere Adern verletzt sind, kommt es zu andauernden, starken Blutungen. Häufig tritt Blut im Strahl aus. Dann muß zur Ersten Hilfe ein Druckverband angelegt werden. An ungünstigen Körperstellen wie am Kopf kann auch von Hand eine Kompresse aufgedrückt werden. Gliedmaßen können abgebunden werden, die Abbindung muß aber viertelstündlich kurz gelöst werden. In solchen Fällen ist stets umgehend tierärztliche Hilfe erforderlich.

Unfälle können auch zu inneren Verletzungen und Gehirnerschütterungen führen. Bei Bewußtseinstrübungen soll nie Flüssigkeit eingeflößt werden. Die Maulschleimhaut kann aber mit Kaffee, Tee oder auch einfach mit Wasser befeuchtet werden. Der Hund wird vorsichtig getragen oder seitlich mit tiefliegendem Kopf und herausgezogener Zunge auf einer Decke gelagert, die, von zwei Personen an den Ecken strammgezogen, auch als „Tragbahre“ dient. Am Unfallort sind meistens die Diagnose und vor allem eine wirksame Schockbehandlung erschwert. Telefonisch sollte zur Vermeidung unnötiger Wege und Zeiten ein dienstbereiter Tierarzt verständigt und umgehend aufgesucht werden.

Lahmheiten können viele Ursachen haben. Als erstes wird die Pfote untersucht. Dornen oder Splitter werden ausgezogen. Verfilzte Haare drücken zwischen den Ballen wie ein Stein im Schuh; sie werden daher vorsichtig ausgeschnitten. Wunde Stellen werden wie Hautverletzungen behandelt. Im Winter müssen Streusalzreste von den Pfoten abgewaschen werden. Bei Krallenbettentzündungen können warme Kamillen- oder Seifenbäder Linderung bringen. Lose Krallenteile werden an der Bruchstelle beherzt abgeschnitten. In vielen Fällen ist ein Verband erforderlich. Er muß fachkundig angelegt werden, um Druckstellen zu vermeiden.

Bei Schwellungen, Prellungen und Verstauchungen kann das Fell des betroffenen Körperteils mehrmals täglich mit kaltem Wasser durchnäßt werden. Das wirkt wie ein Kühlverband, lindert den Schmerz und hemmt – frühzeitig angewendet – weitere Schwellungen. Wenn ein Bein überhaupt nicht belastet wird, besteht Verdacht auf Knochenbruch. Bei stark abnormer Beweglichkeit können die Gliedmaßen durch eine Notschiene ruhiggestellt werden. Ein feuchtes Tuch, zwei ausreichend lange Stöcke und Binden oder Leukoplast genügen fürs erste. Die benachbarten Gelenke müssen mit fixiert werden.

Andauernde, wiederkehrende oder sich verschlimmernde Bewegungsstörungen sind stets ein Fall für den Tierarzt. Bei Junghunden können schmerzhafte Knochenauftreibungen oder Ablösungen des Ellenbogenhöckers zu Lahmheiten führen. Ältere Hunde leiden oft unter chronischen Gelenkentzündungen.

Die Hüftgelenksdysplasie (HD) ist erblich veranlagt: Eine Abflachung der Gelenkpfanne begünstigt Arthrosen und Verrenkungen. Im Alter können auch die Rückenmarkshäute verknöchern. Dadurch werden die Nerven eingeklemmt.

Das Gesicht eines Draufgängers – Irish Water Spaniel

Zunehmende Nachhandschwäche bis hin zur Lähmung ist die Folge. Relativ oft wird das Humpeln auf einem Hinterbein durch eine Ausrenkung der Kniescheibe oder durch Riß von Bändern bedingt, die operativ fixiert werden müssen.

Vergiftungen sind meist „Unglücksfälle“ und nur selten böse Absicht. Rattengift kann bei unsachgemäßem Auslegen direkt, aber auch mit vergifteten Nagetieren aufgenommen werden. Meist handelt es sich um Cumarinpräparate, die zu inneren Blutungen führen. Vorsicht ist auch bei Schädlings- und Unkrautbekämpfungs- sowie bei Frostschutzmitteln geboten. Hochgiftige Thallium-, Zinkphosphid- und Arsenzubereitungen, Blausäure und Strychnin sind heute gottlob kaum noch erhältlich. Die besten Überlebenschancen bestehen, wenn man, „auf frischer Tat ertappt“, das Gift wieder aus dem Magen herausbefördern kann. Der Tierarzt kann Erbrechen durch eine Spritze auslösen, der Laie durch Eingeben von zwei bis drei Teelöffeln Salz. Nach dem Erbrechen kann eine Aufschwemmung von etwa zehn Kohlekompretten eingeflößt werden. Milch wird nicht gegeben, weil verschiedene Gifte fettlöslich sind.

Etwa vorhandene Hinweise auf die Art des Giftes ermöglichen eine rechtzeitige, gezielte tierärztliche Behandlung. Ungewisser sind die Aussichten, wenn Vergiftungsfolgen wie Krämpfe, Mattigkeit oder Brechdurchfall schon eingetreten sind, die Ursache aber nur vermutet werden kann. Eine genaue Diagnose ist oft erst durch Spätschäden wie Blutungen oder Haarausfall möglich. Dann kann es für eine Rettung bereits zu spät sein.

Durchfall ohne Fieber bessert sich häufig nach einem Fastentag: Der Hund erhält ausschließlich stark verdünnten Tee mit einer Prise Salz, aber ohne Zucker. Zur Geschmacksverbesserung ist Süßstoff erlaubt. Zusätzlich ist es nie verkehrt, eine Aufschwemmung von Kohlekompretten einzugeben. Keinesfalls darf Durchfall mit Wasserentzug „behandelt" werden; der Körper würde zu stark austrocknen. Am zweiten Tag erhält der Hund in kleinen Portionen ein Diätfutter, zum Beispiel Beefsteakhack, Schmelzflocken und rohen geriebenen Apfel. Am dritten Tag muß der Kot zumindest wieder dickbreiig sein.

Verstopfungen lassen sich oft durch rohe Leber oder Milz oder einige Teelöffel süßer Dosenmilch beheben. Bei krampfhaft vergeblichem Drängen kann ein Mikroklistier Erfolg bringen. Bei einer Verhärtung von Knochenteilen im Enddarm hilft allerdings meist nur ein fachgerechter Einlauf.

Erbrechen ist keine selbständige Krankheit. Einmaliges Erbrechen kann durch zu hastiges Fressen, zu kaltes Futter oder Aufnahme von Fremdkörpern ausgelöst werden. Gelegentliches Erbrechen ist beim Hund ohne große Bedeutung. Um zu erbrechen, frißt der Hund häufig Gras. Geschieht dies regelmäßig oder wird ständig das Futter erbrochen, muß ein Tierarzt hinzugezogen werden. Auch Durchfall und Erbrechen mit Fieber sind kein Fall für Hausmittel.

Scheinschwangerschaft tritt bei manchen Hündinnen etwa acht Wochen nach der Läufigkeit auf. Sie sind unruhig, „bemuttern" irgendwelche Gegenstände, fressen schlecht und erbrechen gelegentlich. Das Gesäuge schwillt, Milch bildet sich. Abhilfe schafft häufig wenig Fressen und Trinken bei viel Bewegung und Beschäftigung. Das Gesäuge kann mehrmals täglich mit kaltem Wasser befeuchtet werden, um Schwellung und Milchproduktion zu hemmen. Keineswegs soll die Milch ausgedrückt werden. Damit würde nur die weitere Milchbildung angeregt. Bei sehr starker Gesäugeschwellung und trotz Hausmitteln nicht nachlassenden Erscheinungen muß der Tierarzt verständigt werden.

Insektenstiche, vor allem durch das Schnappen nach Wespen und Bienen verursacht, können schnell zu erheblichen Schwellungen am Kopf oder, noch schlimmer, im Rachen führen. Äußerliche Kühlung mit Eiswürfeln und eine Tablette gegen Allergie – falls zur Hand – ersparen oft nicht die möglichst rasche tierärztliche Behandlung.

Alarmzeichen

Fieber ist eine Abwehrreaktion des Körpers, meist auf Infektionen. Die Hundenase kann auch beim kranken Hund feucht und kühl sein. Die Temperatur muß mit einem Fieberthermometer, je nach „Bauart“ bis zu fünf Minuten, im Mastdarm gemessen werden. Sie darf nicht über 39°C liegen. Untertemperaturen unter 37,5 °C entstehen infolge einer Reduzierung der Stoffwechselvorgänge häufig vor dem Tod.

Husten, als ob ein Knochen im Hals säße, tritt bei Mandelentzündungen auf. Ernstere Infektionen wie Zwingerhusten oder gar Staupe könnten dann vorliegen. Pumpende Atmung entsteht durch eine Lungenentzündung, aber auch durch Wasseransammlung in der Lunge, zum Beispiel infolge von Vergiftungen. Bei alten Hunden kann der damit verbundene Husten auch auf eine Herzschwäche zurückzuführen sein. Bauchpressen und Aufblasen der Backen sind Zeichen höchster Atemnot.

Schleimhäute im Auge und im Fang geben Hinweis auf innere Erkrankungen: Blässe deutet auf Blutarmut hin, Gelbfärbung auf Leberschäden mit Gelbsucht, Blutungen auf schwere Infektionen oder Vergiftungen, eine bläuliche Färbung tritt bei Herz- und Kreislaufschwäche auf.

Kot und Urin mit Blutbeimengungen lassen schwerwiegende krankhafte Veränderungen erkennen.

Bei Blutungen im Magen und in den vorderen Darmabschnitten kann der Stuhl durch das verdaute Blut pechschwarz aussehen. Nierenerkrankungen können auch mit erhöhtem Durst verbunden sein. Wenn Mattigkeit und Mundgeruch hinzukommen, ist meist bereits eine Harnvergiftung eingetreten. Harnsteine, Blasenriß oder Vergiftungen können dazu führen, daß überhaupt kein Urin mehr abgesetzt wird; dann besteht höchste Gefahr. Geschwülste, Prostatavergrößerungen und Mastdarmveränderungen erschweren den Kotabsatz. Verhärtete Knochenteile können den Enddarm völlig verstopfen. Erbrechen und zunehmende Mattigkeit bei fehlendem Kotabsatz sprechen für einen Darmverschluß oder einen Fremdkörper im Darm.

Speicheln wird im harmlosesten Fall durch Fremdkörper in der Maulhöhle oder durch lose Zähne verursacht, bedenklicher wäre eine E-605-Vergiftung oder Pseudowut, schlimmstenfalls ist an Tollwut zu denken.

Umfangsvermehrungen des Bauches bei sonst normalem Ernährungszustand oder zunehmende Abmagerung können durch Tumore oder Bauchhöhlenwasser hervorgerufen werden. Bei einer Gebärmuttervereiterung besteht gleichzeitig fast immer starker Durst, gelegentlich auch Scheidenausfluß. Eine plötzliche Aufblähung des Bauches mit Kolik und Kreislaufschwäche, bedingt durch eine Magendrehung, erfordert unverzügliche Operation. Eine Entzündung der Kaumuskeln mit Schwellung und Verhärtung sowie hervortretenden Augäpfeln muß sofort tierärztlich behandelt werden.

Infektionen bedrohen die Gesundheit

Staupe und ansteckende Leberentzündung (Hepatitis) sind Viruskrankheiten, die für Junghunde besonders gefährlich sind, aber auch ältere Hunde befallen. Staupe beginnt mit einem häufig kaum merkbaren, kurzen Fieber, dem nach etwa acht Tagen eine schwere Lungenentzündung mit eitrigem Augen- und Nasenausfluß oder ein Durchfall folgt. Eine besondere Verlaufsform ist mit einer Verhärtung der Ballen verbunden. Nach scheinbarer Besserung treten nervöse Erscheinungen bis hin zu Krämpfen auf, die meistens zum Tod führen. Nach überstandener Staupe bleibt häufig ein nervöses Zucken der Kopfmuskeln, der „Staupetick“, nach Erkrankungen im Junghundalter das „Staupegebiß“ mit erheblichen Zahnschmelzdefekten zurück.

Die ansteckende Leberentzündung verläuft ähnlich, mit hohem Fieber, Apathie und Appetitlosigkeit. Hornhauttrübungen können bleibende Folgeschäden sein.

Stuttgarter Hundeseuche (Leptospirose) wird durch Bakterien verursacht und von Hund zu Hund übertragen. Sie beginnt häufig mit einer Schwäche in den Hinterbeinen. Geschwüre im Maul, Magen und Darm sind mit aasartig-faulem Maulgeruch und blutigem Durchfall verbunden.

Tollwut tritt bei Hunden nur noch selten auf. Die Seuche wird vor allem durch Füchse übertragen. Hinweisschilder warnen in gefährdeten Gebieten vor Tollwut. Die Krankheit ist besonders tückisch: Die typischen Wuterscheinungen wie heiseres Gebell, Wasserscheue, Unruhe und unmotivierte Beißwut fehlen häufig. Die „stille Wut“ ist im Anfangsstadium schwer zu erkennen. Ein erkranktes Tier stirbt immer.

Parvovirose ist eine Viruskrankheit, die sich bei Hunden aller Altersgruppen in schweren, durch Erbrechen und Durchfall gekennzeichneten Erkrankungen äußert. Bei Welpen kann plötzlicher Herztod auftreten. Der Erreger ähnelt dem Katzenseuchevirus; eine wechselseitige Ansteckung zwischen Hund und Katze ist jedoch nicht möglich. Die Ansteckung erfolgt über Ausscheidungen von Hund zu Hund, aber auch durch Verschleppung angetrockneter Ausscheidungen, z. B. an Kleidungsstücken.

Impfungen schützen vor diesen Infektionskrankheiten

Welpen in gefährdeten Zuchten oder ungeimpfte Hunde mit verdächtigen Krankheitserscheinungen können mit einem Serum behandelt werden, das fertige spezifische Abwehrstoffe enthält. Diese „passive Immunisierung“ schützt aber nur für zwei bis drei Wochen. Der Käufer eines Hundes sollte im Impfpaß prüfen, ob eine solche Anwendung von Serumpräparaten oder eine „Vaccination/Schutzimpfung“ bestätigt ist. Denn länger dauernden Schutz vermittelt nur die „aktive“ Schutzimpfung. Dabei werden abgeschwächte oder abgetötete Infektionserreger eingeimpft. Der Körper reagiert darauf mit der Bildung eigener Abwehrstoffe. Bei den heute üblichen Kombinationsstoffen kennzeichnen die Buchstaben S, H, L, T und P die Wirksamkeit gegen die in Frage kommenden Seuchen. Welpen werden mit sechs bis acht Wochen das erste Mal geimpft und müssen dann mit zwölf Wochen nachgeimpft werden. Um einen sicher belastungsfähigen Impfschutz zu erhalten, empfiehlt sich auch bei älteren ungeimpften Hunden eine zweimalige Kombinationsimpfung.

Der einmal gebildete Impfschutz baut sich im Laufe der Zeit ab. Kommt der Hund mit betreffenden Seuchenerregern in Berührung, so wird die Antikörperbildung aufgefrischt. Ist der Impfschutz aber bereits zu stark abgesunken, kann der Hund erkranken. Deshalb garantieren jährliche Auffrischungsimpfungen am sichersten, daß der Hund gegen alle in Frage kommenden Infektionskrankheiten geschützt bleibt.

Ein sicherer Impfschutz des Hundes ist auch für den Menschen wichtig. Erkrankte Hunde können Leptospiren übertragen, die beim Menschen das „Canicola-Fieber“ oder die „Weilsche Krankheit“ hervorrufen. Hundetollwut ist wegen des engen Kontaktes für Menschen viel gefährlicher als Wildtollwut. Geimpfte Hunde übertragen keine Tollwut. Nach einem Kontakt mit verdächtigem Wild brauchen sie deshalb auch nicht getötet zu werden, wie dies für ungeimpfte Hunde gesetzlich vorgeschrieben ist. Schließlich können sie auf Auslandsreisen mitgenommen werden.

Gegen andere Infektionen schützt Vorsicht

Toxoplasmose wird durch einzellige Schmarotzer hervorgerufen. Ihr Stammwirt ist die Katze. Bei anderen Tieren werden ansteckungsfähige Dauerformen gebildet. Hunde erkranken überwiegend durch infiziertes Schweinefleisch. Für die Ansteckung des Menschen wurden sie früher zu Unrecht verantwortlich gemacht.

Aujeszkysche Krankheit wird ebenfalls durch Schweinefleisch übertragen. Bei Fleisch anderer Tierarten ist eine Ansteckung zwar unwahrscheinlich, aber nicht völlig sicher auszuschließen. Unstillbarer Juckreiz, Unruhe, Ängstlichkeit und Speichelfluß haben eine gewisse Ähnlichkeit mit Tollwut, die Krankheit wird deshalb auch „Pseudotollwut“ genannt. Schweinefleisch und in der Zusammensetzung unbekannte Fleischmischungen, zum Beispiel aus dem Supermarkt, müssen deshalb auf jeden Fall gut durchgekocht werden, anderes Fleisch, wenn auch das geringste Risiko ausgeschlossen werden soll. Fertigfutter ist dagegen auf Grund seiner Herstellung unbedenklich.

Zwingerhusten tritt vor allem in Tierheimen und Hundehandlungen auf. Unter begünstigenden Umständen lösen Viren und Bakterien gemeinsam Entzündungen von Luftröhre und Bronchien aus. Kennzeichnend ist ein kurzer, trockener Husten. Sekundärinfektionen können den Krankheitsverlauf verschlimmern. Einen gesunden Hund kauft man mit größerer Wahrscheinlichkeit beim Züchter. Während des Urlaubs sollte man seinen Hund nicht in unbekannte Heime oder Pensionen geben oder ihn vorsorglich gegen Zwingerhusten impfen lassen.

Wurmkuren gegen unerwünschte Kostgänger

Spulwürmer können bei Junghunden zu Verdauungs- und Entwicklungsstörungen, zu Vergiftungserscheinungen und sogar zum Tod führen. Fast alle Welpen werden im Mutterleib mit Spulwürmern infiziert. Die ersten Wurmkuren soll schon der Züchter durchführen. Junghunde werden vierteljährlich entwurmt. Ältere Hunde beherbergen nur noch einzelne Würmer. Sie richten zwar keinen großen Schaden an, sind aber eine ständige Infektionsquelle. Hündinnen sollten zumindest sechs Wochen nach jeder Läufigkeit, Rüden mindestens einmal jährlich entwurmt werden. Bei festgestelltem Wurmbefall ist eine sofortige Entwurmung mit einer Wiederholungsbehandlung nach zwei bis drei Wochen erforderlich. Rohe Möhren garantieren keine Wurmfreiheit. Wirksame und verträgliche Mittel sind verschreibungspflichtig. Sie wirken auch gegen andere Rundwurmarten, zum Beispiel gegen Hakenwürmer.

Spulwürmer sind auf ihre Wirtstierarten spezialisiert; wenn der Mensch Hundespulwurmeier aufnimmt, schlüpfen zwar Larven und beginnen ihre Wanderung im Körper, sie bleiben jedoch in Organen oder Muskeln stecken und können dort schmerzhafte Entzündungen verursachen. Besonders gefährdet sind „Krabbelkinder". Wurmkuren dienen daher auch dem Gesundheitsschutz der Familie. Auf Kinderspielplätzen haben Hunde nichts zu suchen.

Bandwürmer brauchen für ihre Entwicklung stets einen Zwischenwirt. Für den Hundebandwurm ist dies der Floh. Er nimmt die Wurmeier auf, aus denen sich eine Finne entwickelt. Der Hund „knackt" den Floh – die Finne wächst im Hundedarm zum fertigen Bandwurm aus. Mit dem Kot erscheinen nach geraumer Zeit einzelne kürbiskern-

Clumber Spaniel

förmige, anfangs noch bewegliche Bandwurmglieder oder ein längeres, deutlich gegliedertes Wurmende. Es gibt heute neben speziellen Spulwurm- und Bandwurmmitteln auch Präparate, die gegen beide Parasitenformen wirksam und dabei gut verträglich sind. Empfehlenswert ist eine systematische vierteljährliche Wurmbehandlung des Hundes. Zur Bandwurmkur gehört stets eine Flohbehandlung von Hund und Lager.

Besonders bei Jagdhunden kann auch der „gesägte Bandwurm“ auftreten, dessen Zwischenwirte Hasen und Kaninchen sind. Andere Bandwurmarten, die durch Fisch oder Wild, Rinder- oder Schafeingeweide übertragen werden, kommen seltener vor. Dazu zählt der „dreigliedrige Bandwurm“, der auch dem Menschen gefährlich werden kann. Der Hund sollte zur Vorbeuge keine rohen „Konfiskat“-Innereien erhalten und daran gehindert werden, Kadaver von Wildtieren anzufressen.

Für Menschen besonders gefährlich ist der vor allem in einigen Gegenden Süd- und Mitteldeutschlands verbreitete „Fuchsbandwurm“, der auch durch Hunde übertragen werden kann.

Neben regelmäßigen Bandwurmkuren ist es die beste Vorbeuge, den Hund in Wald und Flur anzuleinen.

Gefahren für die menschliche Gesundheit?

Impfungen und Wurmkuren schränken Ansteckungsgefahren ein. Hygiene tut ein übriges: Selbstverständlich hat der Hund sein eigenes Lager und Futtergeschirr; beides ist peinlich sauber. Rasen und Wege werden von Hundekot freigehalten. Der Hund wird so erzogen, daß er das Gesicht nicht ableckt. Das Belecken der Hände ist Ausdruck seiner Zuneigung. Man darf sie dulden, denn man kann sich die Hände anschließend waschen. Vorsichtige können Lager, Hütte und andere hygienegefährdete Stellen und Gegenstände regelmäßig desinfizieren. Die Mittel sollen gegen Viren, Bakterien und Pilze wirken. Zur Schnelldesinfektion eignet sich ein „Desinsektspray“, der auch Ektoparasiten abtötet. Besonders angezeigt sind solche Maßnahmen, wenn der Hund eiternde Wunden, Ekzeme, Furunkel oder eine Vorhaut-, Zahnfleisch- oder Mandelentzündung hat. Diese Infektionen sind konsequent zu behandeln. Eitererreger können auch beim Menschen Komplikationen verursachen.

Vorsicht ist stets bei schlecht heilenden oder sich ausbreitenden Ekzemen geboten: Räudemilben sind zwar auf Tierarten „spezialisiert“, können jedoch auch beim Menschen juckende Hautrötungen verursachen. Hautpilzinfektionen sind auf Menschen übertragbar. Daher sollte man umgehend eine Spezialuntersuchung und Behandlung veranlassen. Pilzinfektionen entstehen beim Menschen in der Regel nur, wenn sich die Erreger länger als 12 bis 24 Stunden auf der Haut einnisten können. Gründliches Waschen bannt die Gefahr. Zusätzliche Sicherheit bietet ein Handdesinfektionsmittel, das nach Berührung verdächtiger Stellen oder Ausscheidungen in die Hände eingerieben wird.

Allergien sind auch durch größte Sauberkeit nicht immer zu vermeiden. Einige Menschen reagieren bei Kontakt mit Tierhaaren und -hautteilen mit Ausschlägen oder Atembeschwerden. Katzen, Meerschweinchen und Vögel sind viel öfter als Hunde die Auslöser; viele andere pflanzliche und tierische Stoffe kommen hinzu. Die Allergieursache kann von einem Hautarzt durch Spezialtests auf der Haut ermittelt werden.

Auf Verdacht braucht also kein Hund abgeschafft zu werden. Und vor der Anschaffung eines Spaniels brauchen auch gesundheitsbewußte Hundefreunde nicht zurückzuschrecken.

English-Springer-Gruppe

Der Spaniel im Alter

Dieses Thema gehört für viele Hundefreunde zu den traurigsten überhaupt. Jedermann weiß und muß sich auch immer wieder vor Augen halten, wie schnell die Jahre ins Land gehen. Die Zeit bleibt natürlich auch nicht vor unserem Spaniel stehen: Er kommt auch „in die Jahre". Irgendwann werden graue Haare sichtbar, und aus dem lustigen, vor Temperament überschäumenden Spaniel wird ein gesetzter, ruhiger Hund.

Dies, man sollte es nie vergessen, ist der Lauf der Dinge. Er wird einem um so schmerzlicher bewußt, je intensiver das Zusammenleben zwischen der Familie und dem Hund die Jahre über gewesen ist.

Dann kommt der Tag, an dem die stundenlangen Spaziergänge dem Spaniel eher zuviel werden als seinem Herrchen. Dann muß man auch wissen, daß dem Hund nicht mehr so viel zuzumuten ist wie in den besten Hundejahren. Man kann sagen, daß mit neun bis zehn Jahren dieser Zeitpunkt gekommen sein dürfte. Freilich sind solche Angaben nur Anhaltswerte.

Es gibt zwölfjährige und ältere Spaniel, die sprühen immer noch vor Lebenslust und Temperament; bei ihnen ist auch das Haarkleid noch so passabel wie bei manchen jüngeren nicht. Auch gibt es Rüden, die mit zehn Jahren noch ohne weiteres zur Zucht herangezogen werden.

Vieles hängt einfach davon ab, wie der Spaniel in den früheren Jahren gehalten worden ist: Ob die Ernährung dem Alterungs- oder gar dem Krankheitsprozeß nicht Vorschub geleistet hat, ob er die Bewegung gehabt hat, die seine Konstitution und seine Kondition bis in das Alter hinein hochgehalten hat, ob mit seinen Kräften nicht Raubbau getrieben wurde oder ob ihm jene Pflege zuteil geworden ist, die auch für ein lange währendes hübsches Äußeres so wichtig ist.

Man muß davon ausgehen, daß der Spaniel, wie jeder andere Hund auch, im Alter schlechter hören oder sehen kann. Bisweilen kommt es zur völligen Taubheit oder zur Erblindung.

Nun ist eine solche Erkrankung niemals ein Grund, seinen Hund einschläfern zu lassen. Auch mit solchen Altersgebrechen lebt der Spaniel gern bei seiner Familie. Und da er meistens nicht blind und taub zugleich wird, hat er immer noch

Orange-Schimmel Cocker Spaniel

Möglichkeiten, sich auf seine Umgebung voll und ganz einzustellen. Natürlich braucht ein blinder Hund viel Sorge und Anteilnahme. Man kann ihn nicht laufen lassen wie ehedem – zumindest nicht dort, wo ihm von der Umwelt Gefahren drohen. Zweifellos orientiert sich ein weniger gut sehender Spaniel im Alter noch mehr mit seiner Nase, als er es sonst ohnehin schon tut. Aber Vorsicht und Aufmerksamkeit sind in einem solchen Fall schon angebracht.

Hat man freilich das Gefühl, das Dasein des Spaniels ist für ihn selbst nur noch Leiden und Schmerzen, dann sollte man auch nicht aus falsch verstandener Liebe zu seinem Hund dessen Qualen verlängern. Dann ist die erlösende Spritze vom Tierarzt geboten und im Interesse des kranken Freundes auch angebracht. Wie man sich in einem solchen traurigen Fall zu verhalten habe, kann einem niemand sagen. Alle Ratschläge sind dann unangemessen. Undenkbar scheint es mir allerdings zu sein, seinen Hund in diesem Augenblick allein zu lassen – allein sterben zu lassen.

Wozu man nachdrücklich raten kann, ist ein verständnisvolles und liebevolles Verhalten gegenüber dem altgewordenen Hund. Er, der in seiner Welpen- und Jugendzeit so viel Freude gemacht hat, verdient diese Liebe gerade dann, wenn er sich auch sichtbarer als früher darum bemüht. Nichts, so sagt man, sei gedankenloser und vergeßlicher als der Mensch; ein guter Spaniel-Halter sollte sich aber wenigstens hin und wieder daran erinnern, wie viele frohe Stunden er seinem Hund verdankt. Dem alternden und alten Hund gegenüber kann man da durchaus einen Dank zurückerstatten.

Der „Jagdspaniel-Klub e.V.“, Sitz München

Der Klub wurde am 26. Mai 1907 in Hannover unter dem Namen „Jagdspaniel-Klub“ gegründet und 1912 im Vereinsregister des Amtsgerichts München eingetragen. Als Zweck hat sich der Klub selbst die Aufgabe gestellt, die Reinzucht der Spaniels in den neun zu Beginn des Buches beschriebenen Rassen zu betreuen. Außerdem und in besonderer Weise soll die Förderung der jagdlichen Anlagen des Spaniels unterstützt werden. Und schließlich gilt das Bestreben des „Jagdspaniel-Klubs“ der Unterstützung des allgemeinen Interesses am Spaniel.

Der „Jagdspaniel-Klub“ gliedert sich derzeit in zwölf Landesgruppen, und zwar in Baden-Württemberg, Bayern, Berlin, Brandenburg, Hessen, Mittelrhein, Niedersachsen, Nordmark, Rheinland, Sachsen, Thüringen und Westfalen. Die Vorsitzenden in den Landesgruppen stehen zugleich als Kontaktpersonen für Interessenten zur Verfügung.

Der „Jagdspaniel-Klub e.V.“ ist Mitglied im „Verband für das Deutsche Hundewesen“ (VDH) und im „Jagdgebrauchshundverband“ (JGHV). Die Adressen finden Sie auf der nächsten Seite.

Wer sich einen Spaniel anschaffen will, sollte im „Jagdspaniel-Klub“ Mitglied werden. Er erfährt dort insbesondere in den Bezirksgruppen, den rassebezogenen Arbeitsgemeinschaften und in den jagdkynologischen Arbeitsgemeinschaften die notwendige Unterstützung für die Aufzucht seines Hundes, erhält Informationen über Haltung und Pflege und bekommt als Mitglied die Klubnachrichten „Der Jagdspaniel“, die eine Fülle von Mitteilungen und kynologischen Abhandlungen enthalten.

In den vergangenen Jahren haben sich einige neue Spaniel-Vereine konstituiert, die auch Mitglieder des VDH sind: Es sind der „Spaniel-Club Deutschland e. V.“, der „Cocker-Club Deutschland“ sowie der „Verein Jagdgebrauchsspaniel e. V.“. Adressen auf der Seite 108.

Anhang

Anschriften, die Sie kennen sollten

Vom VDH anerkannte Spaniel-Vereine in Deutschland

Verband für das Deutsche
Hundewesen e.V. (VDH)
Postfach 104154
44041 Dortmund

Jagdspaniel-Klub e.V.
Präsident:
Dr. Peter Beyersdorf
Zur Gotteshülfe 43
50354 Hürth
Tel. 0 22 33 / 3 42 96

Spaniel-Club Deutschland e.V.
1. Vorsitzender:
Herbert Klemann
Baumwiesenweg 3
67551 Worms
Tel. 0 62 41 / 3 39 98

Cocker Club Deutschland e.V.
1. Vorsitzender:
Wilhelm Lehmkuhl
Haldemer Str. 16
49163 Bohmte
Tel. 0 54 71 / 15 33

Verein Jagdgebrauchsspaniel e.V.
1. Vorsitzender:
Bernd Krost
Kniephofstraße 26A
12157 Berlin
Tel. 0 30 / 7 95 99 15

Dachverbände des Auslands

Belgien:	Union Cynologique A. Giraud, 98 B-1030 Brüssel
Dänemark:	Dansk Kennelklub Parkvej 1 – Jersie Strand DK-2680 Solréd Strand
Finnland:	Finska Kennelklubben Kamreerintie 8 SF-02770 ESPOO
Frankreich:	Société Centrale Canine pour l'Amélioration de Races de Chiens en France: 155 Avenue Jean-Jaures F-93535 Aubervilliers
Italien:	Ente Nazionale della Cinofilia Italiana Viale Premuda 21 I-20129 Milano
Luxemburg:	Union Cynologique Saint Hubert du Grand Duché de Luxemburg Boite Postale 69 L-4901 Bascharage
Niederlande:	Raad van Beheer op Kynologisch Gebied in Nederland Postbus 75 901 NL-1070 A. X. Amsterdam Z.

Österreich: Österreichischer Kynologenverband
Johann-Teufel-Gasse 8
A-1238 Wien

Schweiz: Schweizerische Kynologische Gesellschaft
Postfach 82 17
CH-3001 Bern

Schweden: Svenska Kennelklubben
Rynkebysvängen 70
S-16385 Spänga

Weiterführende Literatur aus dem Parey Buchverlag

BEYERSDORF, P., 1993: Dein Hund auf Ausstellungen. 2. Auflage

BURTZIK, P., 1996: Erziehung und Ausbildung des Hundes. 5. Auflage.

FIEDELMEYER, L., 1983: Kauf, Pflege und Fütterung des Hundes. 3. Auflage.

HEGENDORF, 1980: Der Gebrauchshund. Haltung, Ausbildung und Zucht. 14. Auflage

KOBER, U., PEPER, W., 1995: Pareys Hundebuch. 2. Auflage.

POORTVLIET, R., 1987: Mein Hundebuch. 2. Auflage.

QUEDNAU, F., 1987: Rechtskunde für Hundehalter.

SCHMIDTKE, H.-O., 1984: Gesundheitsfibel für Hunde. 2. Auflage.

WEIDT, H., 1996: Der Hund, mit dem wir leben: Verhalten und Wesen. 3. Auflage.

Bildnachweis

Titelbild
(„Moritz von Meiendorf“)
HELGA HORSTEN, Krefeld

Seiten 3, 15, 17, 19, 21, 23, 24, 25, 26, 34, 36, 38, 57, 79, 83, 84, 92, 105
HELGA HORSTEN, Krefeld

Seiten 12, 51, 67, 76
FRIEDRICH SCHAFFARTH, Bergheim

Seiten 19, 45
DR. URS MÜLLER, Bauma

Seiten 29, 42, 47, 49
DR. PETER BEYERSDORF, Hürth

Seite 31
R. ACKERMANN, Purkersdorf/Österr.

Seite 59
ULRIKE KÖHN, Neuss

Seite 68
ULRIKE HEYER, Viersen

Seiten 71, 80, 89, 95, 101, 106
Foto-Archiv Jagdspaniel-Klub, Krefeld

Ulrich Kober
Wilfried Peper
PAREYS HUNDE-BUCH
PAUL PAREY

Freund · Beschützer · Spielgefährte
DEIN HUND
Der kindersichere Hund

Rien Poortvliet
Mein Hundebuch
2. Auflage

Hans G. Niemand
Peter F. Suter
Praktikum der Hundeklinik
8. Auflage
herausgegeben von Peter F. Suter
Blackwell Wissenschaft